水科学博士文库

Uncertainty Research
on Runoff Simulation Considering the Impact
of Input Data Derived from Climate Models

考虑气候模式影响的
径流模拟不确定性研究

董磊华　熊立华　张丛林　汪吉午　著

中国水利水电出版社
www.waterpub.com.cn
·北京·

内 容 提 要

本书基于贝叶斯理论，全面构建了气候模式影响下的径流模拟不确定性分析框架，包括模型参数、模型结构和输入不确定性。以汉江上游流域为例，针对模型参数不确定性，采用广义似然不确定性估计法（GLUE）分析了新安江模型、SMAR 模型和 SIMHYD 模型的参数敏感性；针对模型结构不确定性，采用贝叶斯模型加权平均方法（BMA）分析了上述 3 个水文模型和 3 个目标函数组合的模型不确定性；针对输入不确定性，采用 BMA 方法分析了 3 个气候模式和 3 种降尺度方法组合的降雨不确定性。最后，基于传统 BMA 方法提出了单层 BMA 和双层 BMA 两种方案，用于考虑气候模式和水文模型双重不确定性下综合径流的模拟计算，并选择最优的方案来预测未来气候情景下的径流。

本书可供水文模型及不确定性分析、全球气候变化与水文模型耦合等相关领域的科研人员阅读，也可作为高等院校水文及气象相关专业的参考用书。

图书在版编目（C I P）数据

考虑气候模式影响的径流模拟不确定性研究 / 董磊华等著. -- 北京 : 中国水利水电出版社，2020.9
ISBN 978-7-5170-8938-4

Ⅰ．①考… Ⅱ．①董… Ⅲ．①径流模型—研究 Ⅳ．①P334

中国版本图书馆CIP数据核字(2020)第187474号

书　　名	水科学博士文库 **考虑气候模式影响的径流模拟不确定性研究** KAOLÜ QIHOU MOSHI YINGXIANG DE JINGLIU MONI BUQUEDINGXING YANJIU	
作　　者	董磊华　熊立华　张丛林　汪吉午　著	
出版发行	中国水利水电出版社 （北京市海淀区玉渊潭南路 1 号 D 座　100038） 网址：www.waterpub.com.cn E-mail：sales@waterpub.com.cn 电话：(010) 68367658（营销中心）	
经　　售	北京科水图书销售中心（零售） 电话：(010) 88383994、63202643、68545874 全国各地新华书店和相关出版物销售网点	
排　　版	中国水利水电出版社微机排版中心	
印　　刷	北京瑞斯通印务发展有限公司	
规　　格	170mm×240mm　16 开本　11.25 印张　162 千字	
版　　次	2020 年 9 月第 1 版　2020 年 9 月第 1 次印刷	
定　　价	**88.00 元**	

前言

QIANYAN

随着全球气候的变化趋势，气候变化对水文水资源的影响成为当今水文研究中的热点。由于水文模型很难完整地描述现实中的水文过程，不确定性分析是水文径流模拟中不可缺少的部分。通常，径流模拟的不确定性来源于输入数据、水文模型参数和模型结构。但是，当以全球气候模式下的气象数据作为水文模型的输入数据时，气候模式、降尺度方法及排放情景的不确定性，将直接影响输入数据，从而间接影响径流模拟的效果。本书对径流模拟的研究，不仅用不确定性区间形式取代了过去的确定形式，还将气候模型的气象输出不确定性考虑在内，为气象预报和水文预报结合的不确定性分析提供了依据，并为如何减少不确定性、通过集合预报等方法来提高气象和水文综合预报精度提供了参考。

本书除对水文模型的参数和结构的不确定性进行了分析，还考虑了不同气候模式影响下的输入不确定性，旨在全面地研究气候模式影响下的径流模拟不确定性。本书的主要研究内容包括：①采用GLUE方法对新安江模型、SMAR模型和SIMHYD模型的参数进行敏感性分析，旨在识别模型参数对模拟精度的影响程度，为流域水文模拟提供参考，从而为利用BMA对多个模型的加权平均提供可靠的参数；②采用贝叶斯模型加权平均方法（BMA）对上述3个水文模型和多个目标函数组合后的多组预报值进行综合，并推算出综合径流的不确定性区间，用于比较分析多个水文模型内和模型间的误差；③采用BMA方法对3个全球气候模式（BCCR-BCM2.0、CSIRO-MK3.0和GFDL-CM2.0）和3种降尺度方法组合后的多组降雨模拟值进行综合，进而分析不同气候模式和不同降尺度方法对降雨模拟的不确定性；④基于BMA方法，首次提出了两种 BMA 方案（即单层 BMA 和双层 BMA）用于气候模式影响下径流模拟的不确定性研究，将两种方案得到的综合径流与实测径流进行比较，选择最优的方案用于未来气候情景下的径流模拟；⑤基于双层 BMA 方案，对未来 3 种气候排放情景 A1B、A2 和 B1 下的多组降雨和多组径流进行加权平均，最后得到未来 30 年 3 种气候情景下的综合降雨和综合径流，并利用对数正态分布对综合降雨和综合径流的频率分布进行拟合和比较。

本书由中国电建集团北京勘测设计研究院有限公司董磊华、武汉大学熊立华、中国科学院科技战略咨询研究院张丛林主要撰写完成，参加本书编制和校审的人员还有汪吉午、乔海娟。感谢武汉大学林琳教授、中国电建集团成都勘测设计研究院有限公司万民博士、西安理工大学于坤霞副教授对本书的悉心指导。感谢挪威奥斯陆大学的 Lars Gottschalk 院士和 Irina Krasovskaia 博士对笔者学习上的指导。感谢 Upmanu Lall 教授在美国哥伦比亚大学交流学习期间，对笔者相关研究工作的指导和帮助。感谢第二次全国污染源普查国家数据第三方评估（Y902661901）对本书的资助。

在本书撰写过程中，笔者力求做到科学、全面地评价水文径流模拟中的不确定性，但考虑气候模式影响的径流模拟不确定性研究是一个复杂的问题，涉及甚广，本书的理论和实用性还有待于进一步检验。书中不当之处，敬请广大读者批评指正。

作者

2019 年 11 月

目录
MULU

第1章 绪 论

1.1 研究背景及意义

根据全球地表温度的器测资料（自 1850 年以来），近 12 年（1995—2006 年）中，有 11 年位列最暖的 12 个年份之中。最近 100 年（1906—2005 年）的温度增加 0.74℃（0.56～0.92℃）[1,2]。根据政府间气候变化专业委员会（Intergovernmental Panel on Climate Change，IPCC）先后于 1990 年、1996 年、2001 年和 2007 年完成的 4 次权威评估报告，气候变化带来的影响不仅仅是全球变暖，对水文水资源也带来了前所未有的挑战[3]。气候变暖将加剧水循环过程，驱动降水量、蒸发量等水文要素变化，增强水文极值事件发生频率，改变区域水量平衡，影响区域水资源分布[4]。气候变化对区域径流的研究结果一般包括：径流量增大[5]、径流量减小[6]、径流量的季节性变化[7]。然而，气候变化对水文模型径流模拟的影响，主要是通过气候模型产生的气象数据来作为水文模型的输入数据，从而影响径流及其他水文过程的模拟。

水文模型中的降雨、气温和蒸发等输入数据随着全球气候变化而变化，为了模拟这些输入数据对径流的影响，国外早期常用的方法是基于某个流域的气候和径流的历史数据，建立气候因子和径流之间的多元回归关系[8]，或者用一些指标来定量分析气候因子变化给径流带来的敏感性[9]。这些方法的不足之处在于，必须利用气候和径流的长期历史数据，因此不能应用于未来气候情景。目前常用的方法是采用全球气候模式（Global Climate Model，GCM）来模拟不同温室气体排放情景下的气候因子变化，然后利用降尺度方法将全球尺度的气候变化转化为流域尺度的气候变化作为水文模型的

1

输入[8]。但是这种方法中每一步都存在着误差，导致全球和区域尺度的气候变化情景有很大的差别[9,10]。虽然近几年区域气候模型（Regional Climate Model，RCM）被广泛采用，并被证实比 GCM 有更高的精度，能提供气候变化在流域尺度的空间分布[11,12]。但是由于目前对气候变化的预测精度有限，也只能给出一种可能的变化趋势。因此，气候模式产生的气象数据存在很大的不确定性。

此外，水文模型本身也存在很大的不确定性。由于水文现象的复杂性，加之不同流域的产、汇流机制以及下垫面条件的不同，水文模型很难准确地描述每一个流域的水文循环过程[13]。用相对简单的数学公式来概化高度复杂的水文过程往往会出现"失真"，从而造成水文模型的不确定性。通常，径流模拟的不确定性包括 3 方面：①输入不确定性；②水文模型参数不确定性；③水文模型的结构不确定性[14]。当考虑气候模式对输入数据的影响后，水文模型的输入不确定性主要包含了 GCM 不确定性、气候情景的不确定性，以及降尺度的不确定性。考虑气候模式影响的输入不确定性与径流模拟的关系如图 1.1 所示。

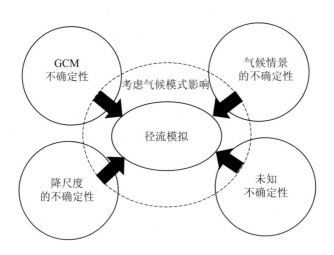

图 1.1 考虑气候模式影响的输入不确定性与径流模拟的关系

本书将径流模拟中的不确定性和考虑气候模式影响的输入不确定性结合起来，较完整地分析了从气候模型的降雨模拟到水文模型的径流模拟这个过程中的不确定性。本书对径流模拟的研究，不仅用不确定性区间形式取代了过去的确定形式，还将气候模型的气象输出不确定性考虑在内。对以后将气象预报和水文预报结合的不确定性分析提供了依据，并对如何减少不确定性、通过集合预报等方法来提高气象和水文综合预报精度提供了参考。

1.2 径流模拟不确定性的研究进展

径流模拟的不确定性分析是对水文模型失真现象的一种概率描述，是径流模拟分析中不可或缺的一部分。下面将综合阐述径流模拟中的 3 种不确定性的国内外研究进展。

1.2.1 输入不确定性的研究进展

水文气象数据作为水文模型中的重要输入数据，其不确定性对径流模拟结果有着重要的影响。其中最重要的气象输入资料包括降雨、蒸发和气温资料。而在这 3 种气象资料中，降雨资料对模型的参数率定和模拟结果起着至关重要的作用。而且，降雨资料的不确定性，对比水文模型的结构不确定性和参数不确定性，往往占有更大的比重。降雨不确定性的主要来源有降雨时空变异性，还有观测站网固定点同时间观测之间的差异。目前对降雨的空间变异程度、前期土壤含水状况、流域特征（地形、河网、土壤等）以及流域响应之间的复杂关系等问题的研究都处于初级阶段，而且大多数的研究主要考虑的是洪水过程中的两种降雨变异性（降雨空间变异性、降雨强度的时间变异性）对径流总量、峰现时间和洪峰等因素的影响[15]。

在 Shah 和 O'Connell[16-17]对降雨的空间变异性以及流域响应之间的关系的研究中，通过建立一个降雨随机场模型，并把它与 SHE 模型结合起来，然后应用于 Wye 流域的上游区[18]。试验发现，在"湿"的状态下，降雨采用流域平均，径流模拟的效果较好；但是，在"干"的状态下，径流的模拟效果要比"湿"的状态差，流域平均后的降雨没有分布输入的降雨的效果好，土壤含水量的空间分布随着降雨的空间分布变化，流域的降雨径流响应呈现高度非线性[18]。Chaubey 等[19]应用 AGNPS 模型详细分析了降雨的变异性对流量过程线的影响，其研究表明降雨数据的空间分布和观测精度对流量过程线起着直接的影响作用。说明降雨的空间变异性，会直接影响模型参数的变异性，从而影响径流模拟结果。Bronstert 和 Bardossy 研究发现，在山坡或小流域尺度上，特别是超渗产流条件下，降雨在水文过程中扮演了重要的角色，而且降雨强度的时间变异性相对于平均情况而言增加了产流量[20]。Lopes 将一个径流侵蚀的分布式模型运用在小流域上，然后用模型的模拟效果来检验降雨空间分布不确定性分别对径流量、洪峰流量及产沙量的影响[21]。结果发现，雨量站的空间布局和站网密度，以及暴雨的时空特性对径流模拟都有较大的影响[18]。

鉴于降雨等输入资料不确定性对径流的影响，如果模型的输入数据用随机变量的形式取代过去的确定值，那么输入的不确定性就可以被量化，从而也能得到模型输出的不确定性[18]。例如，美国国家气象局没有采用点的观测数据，而是用降雨的概率分布来预报降雨，这样就可以推算输入的不确定性对预报输出的影响[22]，从而不会错过一些降雨径流的极值事件。

1.2.2 模型参数不确定性的研究进展

Beven 等[23]发现，在参数的取值范围内，在一个特定的目标函数下，可能存在许多组参数值组合得到十分相似的模拟结果。这种现象反映了模型结构组成之间的相互作用，也反映了参数对流域特征的敏感性，是参数不确定性的原因之一。模型参数不确定性的另外一个主要来源就是参数优化过程中的不确定性。在水文模型中，多数模型参数都是由实测资料和参数优化方法在目标函数的限制下得到的最优解[24]。因此参数率定资料、参数优化方法、目标函数的选取都影响到参数值，给模型参数的确定带来了诸多不确定性。敏感性分析是评价模型参数或者输入数据误差对结果影响的重要方法，它分为局部敏感性分析和全局敏感性分析两种。其中局部敏感性分析是每次变动一个参数或一个输入因子，来计算模拟结果的差别，从而分析参数或者输入因子的敏感程度[25]。这种方法简单易行，但是不能反映非线性复杂模型的参数之间的相关性。而全局敏感性分析方法可以同时分析多个参数或者多个输入因子对模拟结果的影响[26,27]。

敏感性分析可以减小模型参数的不确定性，但是没有考虑模型结构的不确定性，可能会误将模型结构的不确定性引入参数的不确定性分析中[28]。目前对模型参数不确定性采用的主流方法是广义似然不确定性估计（GLUE）[23]。

1.2.3   模型结构不确定性的研究进展

模型结构是水文模型的核心，是建模者基于水文现象的知识与经验对水文过程的数学描述。水文模型结构的不确定性主要来源于以下 4 个方面：

（1）水文过程和数学描述之间的误差。自然界非常复杂，水文过程很难用简单的数学公式去表达。而且用数学公式来描述的时候，通常要用到合理的假设，求解数学微分方程也需要假定。

（2）不同水文机理的水文模型适用于不同的流域。例如，新安江模型被广泛应用于我国大大小小的流域，但是其产流机理是建立于蓄满产流之上，因此它只能适用于湿润和半湿润地区。对于干旱地区，应该采用以超渗产流为主的产流机制的水文模型。

（3）分布式水文模型虽然考虑了水文信息的空间分布，综合了更多的水文资料，但是其参数较多，结构相对更加复杂，势必会有更大的不确定性。

（4）模型尺度的不匹配也是模型结构不确定性的主要来源。其中尺度不匹配包括空间和时间尺度两方面。时间尺度上，有短期水文预报模型和长期水文预报模型之分。空间尺度上，很多模型是由实验室研究出的水运动的"点"方程，用到流域尺度的径流模拟。

目前考虑到单个水文模型结构的不确定性，很多水文集合预报的方法得到了广泛的关注。水文集合预报的优点在于可以集合几个水文模型，吸取几个模型在径流模拟中的优势，规避其短处。把不同模型组合起来的想法最早由 Reid[29] 在 1968 年提出，并大胆应用于经济学领域。Bates 和 Granger[30] 在 1969 年更详细地讨论了多模型组合的理论。接着 Dickson（1973）等[31] 完善了多模型综合方法的理论，但是主要将其应用于经济学和天气预报等领域。1997 年，Shamseldin 等[32] 首次将多模型综合方法应用于水文预报之中，选择了 5 个水文预报模型在 11 个流域进行预报应用，采用简单平均法（SAM）、加权平均法（WAM）和神经网络法（NNM）3 种方法将各个预报结果进行综合。2001 年，Xiong 等[33] 利用 Takagi - Sugeno 模糊系统对各个模型的预报结果进行模糊结合，取得了令人满意的结果。

近年来，贝叶斯模型加权平均方法（BMA）在统计学、管理学、医药学和气象学等领域得到了广泛的应用。BMA 方法与其他多模型综合方法一样，是各个模型预报结果的加权平均，但不同于它们的是，BMA 方法还能计算模型间和模型内的误差。BMA 方法最早是由 Hoeting 等[34] 在 1996 年提出。2003 年，Neuman 等[35] 首次将 BMA 方法应用于水文学领域，例如地下水的模拟。2006年，Ajami 和 Duan 等将该方法应用于水文模型结构不确定性分析之中[36]。

1.3 考虑气候模式影响的输入不确定性研究进展

目前，当全球气候模式通过降尺度得到区域的气候预测后，一般将此气候数据作为流域水文模型的输入，用来计算分析气候变化给水文水资源带来的影响。全球气候模式是目前生成未来气候变化情景的最有效方法，广泛被用于评价气候变化对流域水文水资源的影响之中。在评价气候变化对水文的影响时，一般首先选定全球气候模式中的气候因子，然后选定特定的气候情景，对这些气候情景下的全球尺度气候数据进行降尺度到研究区域，最后将区域气候数据作为水文模型的输入数据来预测未来气候变化对水文因子的影响。在这个过程中，与气候预测有关的输入数据的不确定性通常来源于以下 3 个方面：气候模式的不确定性、气候情景的不确定性和降尺度方法的不确定性。

1.3.1 气候模式不确定性的研究进展

气候系统由大气圈、水圈、冰雪圈、陆地和生物圈 5 个主要部分组成，是一个复杂多样的系统。气候的变化不仅受内部大气-海洋-陆地-冰雪系统相互作用的影响，还受外部的自然因素（如太阳活动变化）及人为活动（如土地利用）变化的影响。气候模式是用来描述气候系统、系统内部各个组成部分以及各个部分之间、各个部分内部子系统间复杂的相互作用，已经成为认识气候系统行为和预估未来气候变化的定量化研究工具。

随着计算机技术和人们认识水平的提高，全球气候模式已具有一定的模拟全球、半球和纬向平均气候条件的能力，在 IPCC 的报告中不同气候模式可以给出较一致的气候变化趋势。气候模式大体可分为简单气候模式、耦合气候模式和中等复杂的地球系统模式（EMIC）。简单气候模式概化了海洋-大气系统，并与简化的地球生物化学圈模式耦合，能大致估测气候对各种情景的响应。耦合气候模式囊括了大气、海洋、陆地模式，甚至包括碳循环等模块，能够用于研究大气-海洋-陆地的相互作用和气候系统变化规律。其中，全球海气耦合模式（AOGCM）是目前最全面的气候模式，可以用来研究海洋状况和土壤湿度等因素的变化规律。中等复杂的地球系统模式基于简单气候模式，但加入了大气和海洋的动力过程，能对未来的气候概率进行预估。IPCC 报告主要采用的是耦合气候模式来评估气候变化。目前，世界各国已经研制了 40 多个全球气候模式，其中，耦合气候模式（如英国 Hadley 气候预测与研究中心的 HADCM3、美国国家大气研究中心的 NCAR2PCM 和德国马普实验室的 ECHAM5/MPI2OM）最具影响力。

尽管气候模式在不断改进，但是由于气候变化的复杂性、多样性和计算分析的困难性，目前世界各国研制的全球气候模式（GCM）的模拟能力仍然有限，模拟的气候状况与真实情况存在着较大差距[37,38]。

气候模式的不确定性主要是因为对云-辐射-气溶胶相互作用和反馈过程、大气中各种微量气体与辐射之间的关系、水循环过程、陆面过程、海洋模式的逼近程度、海-气-冰之间的相互作用和反馈的认识和了解有限。对地球辐射能量平衡的模拟，对云的模拟和对降雨的模拟都存在很多不确定性因素。尤其是对降雨的模拟，尽管许多模式可以模拟一些区域大尺度的降雨趋势，但在小尺度上模拟能力很差。Lebel 等比较了非洲西部在 1960—1990 年间 GCM 模式的模拟结果和实测数据，得出结论：GCM 模式对降雨的季节变化和年际变化模拟效果不佳。同样，对于印度夏季降雨的预测，也不能预测到降雨变化的信号、时间以及年际变化[39]。在国内，赵宗慈等将 1961—1990 年 5 个海气耦合模式预测的表面大气温度和降雨与实测数据对比，结果表明，这 5 个模式对东亚包括中国区域的气候都有一定的模拟能力，但模拟场仍存在较明显的系统误差[40]。

1.3.2　降尺度方法不确定性的研究进展

全球气候模式预测的气候因子一般都是基于全球这个大尺度的，如果要将这些大尺度的输出数据输入流域水文模型中来评价气候变化对水文水资源的影响，必然会产生数据之间的空间分辨率不一致、尺度不匹配的问题。因此 GCM 数据很难直接用于小尺度的水文模型，必须采用一些例如降尺度和插值等后期处理的方法来解决尺度不匹配的问题。所以动力降尺度方法得到的区域气候模式（RCM）和统计降尺度方法得到的 RCM 应运而生，它们是基于 GCM 初始的和时变侧边界条件开发的，仅适用于限定的区域内。

降尺度技术大体分为 3 类：统计关系法、环流分型技术和天气发生器法[41,42]。统计关系法的基本思想是：建立区域气候变量和全球气候模式中预报因子之间的线性或非线性关系。但是由于预报因子和预报量之间的关系并不稳定，而且这种关系会随着时间的变化而发生变化，这种方法降解得到的区域气候数据有很大的不确定性[41,42]。环流分型技术是首先将与 RCM 变化有关的大气环流因子进行筛选和分类，然后建立区域气候变量与不同种类大气环流因子之间的关系。这个方法是基于大气环流和区域气候的紧密关系，但是其可靠性也取决于这种关系的稳定性，仍然存在不确定性，例如降雨与大尺度环流之间的关系往往没有那么明显。天气发生器法是以气候模型预测的变化因素的扰动为基础，它能够迅速产生一系列气候情景用于研究罕见气候事件的影响和自然的变异性。

每一种降尺度方法都有优势和劣势，有些方法无法预测水文中的变异性，有些方法无法预测水文中的极端气候事件。即使采用相同的全球气候模式，不同降尺度方法得到的气候预测结果也会不同，这些结果的差异无疑导致了量化气候变化对水文影响的不确定性[43]。

1.3.3　气候情景不确定性的研究进展

情景是指在基于连贯的和内部一致的一组有关驱动力和主要关系的假设之下的一种关于未来如何发展的一种合理的、通常简化的描述[44]。情景通常是对未来状况的一种预测，通过它能对未来的潜在影响、不确定性、风险和利益作出一定程度的分析，为决策者的决策和管理提供参考[45,46]。气候情景是指一种关于对辐射有潜在影响的物质（如温室气体、气溶胶）未来排放趋势的合理表述，它是基于连贯的和内部一致的一系列有关驱动力（如人口增长、社会经济发展、技术变化）及其主要相关关系的假设[47]。

IPCC 共发布了两套气候情景：第一套是第二次评估报告中的IS92 情景[48]；第二套就是 SRES 情景[1,2]，它包含 A1、A2、B1和 B2 4 种不同情景。A1 描述的是经济高速发展、全球人口在 21世纪中达到峰值、高排放情景的世界；A2 描述的世界，假设人口持续增长，而且全球化不明显，考虑人均经济增长和技术变化等因素，都带有明显的地方特性；B1 描述的世界从全球化角度出发，比较理想，是低排放经济，社会和环境都是可持续性发展的；B2

描述的世界跟 B1 的不同之处在于，从局域发展的角度来解决可持续发展问题[49]。

温室气体排放预测是气候模式的重要输入条件，其不确定性必然会导致气候模式输出结果的不确定性。温室气体排放情景的不确定性主要来源于，未来社会经济、环境、土地利用和技术进步等社会、自然和技术因素的变化难以准确地描述和预测。而且这些因素对气候影响的不确定性也是很难预估的。

1.4　不确定性研究方法

用于水文模型不确定性分析的方法有很多种[50]。从最早的仅仅用于量化模型参数不确定性的方法，例如 Beven 和 Binley[23] 在 1992 年提出的广义似然不确定性估计方法（GLUE），Thiemann 等[51] 提出的贝叶斯递推估计（BaRE），Vrugt 等[52] 提出的 SCEM 方法（the Shuffled Complex Evolution Metropolis），还有 Kuczera 和 Parent[53] 提出的 MCMC 方法（Markov Chain Monte Carlo）。近十年来，大多数不确定性分析方法主要用来量化模型的综合不确定性[54]，或者用不同确定性来源的概率描述来分析不同的不确定性。基于状态空间的过滤方法有 SODA 方法（the Simultaneous Optimisation and Data Assimilation)[55] 和 DPE 方法（the Dual-state Parameter Estimation)[56]，还有多模型平均方法（Multimodel Averaging)[57]、非概率方法（Non-Probabilistic Methods)[58]，以及经典或者修改过的贝叶斯方法[59,60]。这里根据不确定性分析方法的数学原理的不同，将不确定性分析方法分为以下 5 类[61]。

1.4.1　随机不确定性分析方法

确定性水文模型很难描述自然界中水文现象的复杂性，因此水文系统研究中引入了随机理论[14]。随机水文学是以随机水文过程为研究对象，运用随机过程理论与方法描述和处理水文复杂性和不确定性问题的一门交叉学科[62,63]。随机水文学理论基础部分，是在确定性水文学、概率性水文学的基础上，以水文序列分析技术、随机过程理论、数学、计算机技术等基础科学技术为支撑，研究水文过程的变化规律的基础理论[64]。根据水文系统观测资料的统计特征和随机变化规律，建立能估计系统水文情势的随机模型，由模型通过统计试验获得模拟序列，再进行水文系统分析计算，以解决系统的规划、设计、运行与管理等问题[65]。

正是由于随机不确定性分析方法的简单易操作性，使得它被广泛应用于水文预报、水文频率分析计算、水文风险分析及水文随机模拟中[64,66]。在随机过程理论中，随机模型类型很多，如线性平稳模型、自回归模型、多变量模型等[67-69]。这些模型在水文过程模拟中的广泛应用，组成了随机不确定性分析的主体。

近几十年，熵（entropy）也被引入随机水文学中，成为了水文系统不确定性分析的一个有效工具。很多实际问题，不单单只包含客观的信息和内容，还需要人为主观的信息[70]。这就是一种典型的模糊随机现象，现象的描述就可以用模糊随机变量，不确定性就可以用模糊熵来体现。模糊熵就是这种随机现象不确定性的度量[71]。Jaynes[72]在1957年提出的最大熵原理（Principle of Maximum Entropy，POME）是一个重要的概念。最大熵原理是在所有可行解中选择熵最大的一个。在水文系统中，常常要根据观测数据、约束条件和假设求解，而解的存在性、唯一性和稳定性通常不能得到全部满足。在多个目标函数不能同时最优的情况下，最大熵原理是一种有效的求解方法。最大信息熵原理，可以用于水文频率分布的参数估计以及分布线型的优选，为水利工程的规划设计提供科学依据[73]。

1.4.2　模糊不确定性分析方法

模糊性主要是指客观现象的差异，在中间过渡时呈现的亦此亦彼的模糊特性[74]。水文系统的模糊性主要来自于水文概念的不明确而形成的不确定性。模糊水文学是指以水文系统为研究对象，运用模糊数学理论与方法来描述和处理水文复杂性和不确定性问题的一门交叉学科[75]。它是模糊数学理论与方法在水文学中的应用，并逐渐派生出的一门专门研究水文系统中模糊性的边缘学科，为研究水文系统中广泛存在的"模糊性"提供了方法论。由模糊理论发展而成的模糊不确定性分析方法也在水文问题的研究中应用广泛，如径流的模拟和径流过程的周期分析等[76]。

Cloke 等[77]应用有限元地下水流模型（ESTEL - 2D），通过模拟英国什罗普郡塞文河的一个洪泛平原的水文过程，结合模糊特征函数，来完成多方法全局敏感性分析（Multi - Method Global Sensitivity Analysis，MMGSA）。结果表明，基于模糊理论的方法在状态参数的预测分析上得到了合理有效的应用。Huang 等[78]提出了 FBSM（Fuzzy - Based Simulation Method）来研究塔里木河流域水资源管理。该方法能够分析水文模拟系统中存在于模糊集中的不确定性，而且可以应用于含有多个具有不确定性要素的水文系统的模拟，改善流域水资源管理决策。

模糊水文学方法论在水文系统分析计算、洪水与干旱分析、水文预报、降雨-径流关系、水库调度、水资源与环境、气候变化和人类活动影响、水旱灾害预测、水利工程决策等领域的应用中不断发展起来，包括水文系统模糊集分析、模糊聚类分析、模糊模式识别、模糊综合评价、模糊概率、模糊控制、模糊预测与决策、模糊规划与优化等[75]。随着水文不确定性的深入研究，模糊不确定性分析方法也得到了发展，成为了不确定性研究中的重要方法。

1.4.3　灰色系统分析方法

灰色系统是指在客观存在的系统中，由于人类的认识能力有限，使得反映系统中因素的信息部分明确、部分不明确。灰色系统水文学是运用灰色系统理论与方法描述和处理水文复杂性和不确定性问题的一门新兴交叉学科[79]。传统水文学需借助灰色系统理论解决的问题包括水文系统中信息的挖掘，水文模型非唯一、参数非唯一、研究对策非唯一等问题。"黑箱"方法和确定性数学方法用于分析水文系统，无法充分利用部分已知信息。

灰色系统水文学的理论主要内容包括水循环理论、水文尺度问题、水文非线性问题、水文系统信息论、水文灰元与灰集合、水文灰色系统数学基础和水文灰色系统的描述与量化等[80]。灰色数学方法的目的是设法从数学量化基础方面为水文灰色系统模型的建立、未知部分的识别、灰色预测与决策等提供量化和半量化的方法[80]。灰色系统分析方法在中长期径流预报[81]、地下水[82]和水文地质[83]方面得到了广泛的应用。

1.4.4　广义似然不确定性估计方法

广义似然不确定性估计（Generalized Likelihood Uncertainty Estimation，GLUE)[23]方法认为，模型的模拟精度不是由模型的单个参数决定，而是由模型的参数组合来决定。该法的主要思想是：通过采用基于参数空间随机抽样的方式，生成任意指定组数的参数集，代入水文模型，计算出参数集的似然度；然后依据似然值的大小排序，估算出一定置信水平的模型预报不确定性的时间序列[82]。并且，可以根据模型模拟得到的径流序列，对水文参数的敏感性及水文模型的不确定性做出评判。

目前，GLUE 方法被应用于不同的水文模型中，例如新安江模型[83]、TOPMODEL 模型[84]和 SVAT 模型[85]。起初，GLUE 方法大多数情况下都只是单纯地用于分析参数的异参同效性[85,86]。后来，卫晓婧和熊立华[87]对 GLUE 方法的采样算法进行了研究。他们采用 SCEM－UA（Shuffled Complex Evolution Metropolis Algorithm）替代传统 GLUE 方法中的蒙特卡洛随机取样方法，并以预测区间的观测值覆盖率最合理、预测区间宽度最窄、区间对称性最优为标准选取可行参数组个数。实验结果表明，改进后的 GLUE 方法能够推导出性质更为优良的不确定性区间。Aronica 等[88]将 GLUE 方法与基于不同模型结构和不同参数集的模糊测度结合使用，来用于参数的不确定性分析。

由于径流模拟的不确定性还包括输入数据和水文模型结构，GLUE 方法还被应用于辨别不同不确定性的来源。Pappenberger

等[89]应用 GLUE 方法，对欧洲中期天气预报中心（ECMWF）地表模型的适用性进行了研究。结果表明：径流模拟的过程中，不确定性主要来源于输入资料、水文模型结构和参数率定的不确定性。此外，GLUE 方法也可以用于无资料地区的径流模拟。Schulz 和 Beven[85]利用 GLUE 方法，研究了缺少率定资料情况下水文模型的不确定性。

GLUE 方法吸收了模糊不确定性分析方法的优点，但参数的先验分布和似然测度的确定具有主观性，可能对模型的参数识别和灵敏度分析结果产生一定的影响，使得该方法的应用受到限制[90]。因此，GLUE 方法中的参数取样方法、参数先验分布、似然函数的选择等方面需要进行更深入的理论应用探索。

1.4.5 贝叶斯方法

贝叶斯理论（Bayes Theory）将模型参数的先验信息和后验信息联系起来，在一定程度上解决了"经验"定量化问题，使得模拟过程既能充分利用数据所隐含的信息，又能与实际的经验结合起来，减少了参数识别方法的预测风险[90]。

假设事件 A、B 互不为独立事件，则 A、B 共同发生的概率计算公式为[91]

$$P(A \bigcap B) = P(A|B) \cdot P(B) = P(B|A) \cdot P(A) \quad (1.1)$$

其中，$P(A|B)$ 为事件 B 发生且事件 A 也发生的条件概率。$P(B|A)$ 同理，则有

$$P(B|A) = \frac{P(A|B) \cdot P(B)}{P(A)} \quad (1.2)$$

将边际概率 $P(A)$ 和 $P(B)$ 作为贝叶斯理论中的先验概率，$P(A|B)$ 以及 $P(B|A)$ 作为贝叶斯理论中的后验概率，则式（1.2）即为贝叶斯定理[91]。

贝叶斯公式的事件形如下：

假定 $(A_1, A_2, \cdots, A_k)$ 是互不相容的事件，它们之和 $\bigcup\limits_{i=1}^{k} A_i$

包含事件 B，即 $B \subset \bigcup_{i=1}^{k} A_i$，则有

$$P(A_i \mid B) = \frac{P(A_i)P(B \mid A_i)}{\sum_{i=1}^{k} P(A_i)P(B \mid A_i)}, \quad i = 1, 2, \cdots, k \quad (1.3)$$

贝叶斯学派是数理统计中的一个重要学派，其重要观点是：任一未知参数 θ 都可以看作随机变量，可以用概率分布来描述它们，从而推算其不确定性。首先基于对未知参数 θ 的先验认识之上，建立参数的先验分布 $\pi(\theta)$。然后，通过实验获得样本 x_1，x_2，$\cdots$，x_n，从而确定参数 θ 的条件概率，得到 θ 的后验分布 $h(\theta \mid x_1, x_2, \cdots, x_n)$。那么，贝叶斯方法中样本 $x_1, x_2, \cdots, x_n$ 对 θ 的条件密度 $p(x_1, x_2, \cdots, x_n \mid \theta)$，就是经典贝叶斯方法中 θ 已知时样本的联合密度。一旦样本确定，就只有参数 θ 在变化。这时，把联合密度看成参数 θ 的似然函数，用 $l(\theta \mid x_1, x_2, \cdots, x_n)$ 来表示[92]。那么，参数的后验分布表示为

$$h(\theta \mid x_1, x_2, \cdots, x_n) = \frac{\pi(\theta)l(\theta \mid x_1, x_2, \cdots, x_n)}{\int \pi(\theta)l(\theta \mid x_1, x_2, \cdots, x_n)\mathrm{d}\theta} \quad (1.4)$$

由于参数的后验分布中包含了总体和样本信息，以及参数的先验信息，对参数 θ 的统计推断可以建立在参数的后验分布的基础上。

基于经典贝叶斯理论衍生的贝叶斯方法包括：BaRE（Bayesian Recursive Estimation）[93] 方法、BaTEA（Bayesian Total Error Analysis）[94,95] 方法、BMA（Bayesian Model Averaging）[96] 方法等。

1.5　本书主要内容

图 1.2 给出了本书研究的技术路线，其中主要的技术方法和研究工作如下：

第 1 章阐述了径流模拟中的不确定性来源，并进一步论述了考虑气候模式影响下的输入不确定性。最后综述了目前径流模拟的不

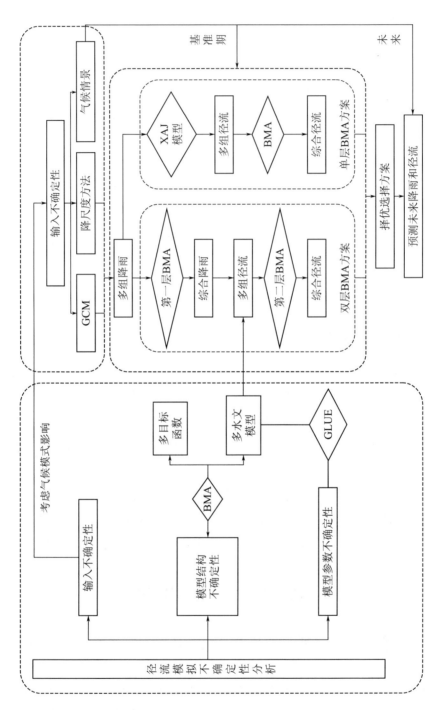

图 1.2　研究技术路线图

确定性研究中用到的不确定性分析方法。

第 2 章利用 GLUE 方法对新安江模型、SMAR 模型和 SIMHYD 模型的参数进行敏感性分析，旨在识别模型参数对模拟精度的影响程度，为流域水文模拟提供参考，从而为后面利用 BMA 对多个模型的加权平均提供可靠的参数。

第 3 章分析的是水文模型结构的不确定性。贝叶斯模型加权平均方法（BMA）可以综合多个水文模型的结构不确定性，因此本章采用 BMA 方法来对多个水文模型和多个目标函数进行组合，旨在得到径流的综合模拟值，并对其不确定性做详细的分析。

第 4 章采用 3 个全球气候模式（BCCR - BCM2.0、CSIRO - MK3.0 和 GFDL - CM2.0）在 20C3M 气候场景下的气候输出，并利用 3 种降尺度方法（ASD、SDSM1 和 SDSM2）将全球尺度的降雨降尺度到流域尺度。最后利用 BMA 方法，分别研究了不同气候模式对降雨的不确定性，以及不同降尺度方法对降雨的不确定性。

第 5 章基于 BMA 方法，提出两种 BMA 方案（即单层 BMA 和双层 BMA）来耦合气候模式和水文模型，从而研究径流模拟的综合不确定性，然后对两种 BMA 方案的径流模拟及其不确定性区间的精度进行比较，选出最优方案。

第 6 章基于双层 BMA 方案，利用第 5 章得到的双层 BMA 的权重，对未来 3 种气候排放情景（A1B、A2 和 B1）下的多组降雨和多组径流进行加权平均，得到 3 种气候情景下的综合降雨和综合径流，并对降雨和径流的未来趋势作简单的频率分析。

第 7 章总结本书的主要研究工作及成果，展望下一步的研究工作。

第 2 章　水文模型参数的敏感性分析

　　流域水文模型，是在物理机理和水文学知识的基础上，建立的模拟降雨-径流形成过程的数学模型。到目前为止，国内外的水文专家提出了各种各样的水文模型，并把它们广泛地应用于洪水预报及水资源管理之中[97]。水文模型的发展经历了从最早的经验模型，到后来的概念性模型，然后衍生到半分布式和分布式模型。虽然随着计算机技术的发展，水文模型更加多元化，但是由于模型结构和模型参数的复杂化，模型的不确定性来源也随之增多[98]。因此，模型的不确定性分析是水文预报中必不可少的部分。本书选择发展较为成熟的概念性水文模型来用于模型参数的敏感性分析及模型结构的不确定性综合分析。

　　在应用水文模型进行水文预报时，模型的模拟效果主要取决于模型参数的率定。对于概念性的水文模型，其模型参数都在某种程度上反映了流域的植被等下垫面特征，所以这些参数的率定不能完全忽视其物理意义来进行概化地推理。但在一般的参数率定过程中，在选定目标函数以后，采用的自动优化方法只以目标函数最优为目标，而不能考虑参数的不确定性。"异参同效"（Equifinality）[99]现象是指在采用优化算法率定参数的过程中产生的参数组合，参数值不尽相同，甚至个别参数差别较大，但是这些参数组合最后得到的目标函数值是相同的。这种现象的产生就是由于水文模型参数的冗余以及参数之间的相关性。在本章中，根据 Beven 提出的 GLUE（Generalized Likelihood Uncertainty Estimation）[23]方法，对用到的 3 个概念性水文模型的参数进行敏感性分析，旨在识别模型参数对模拟精度的影响程度，为流域水文模拟提供参考，从而为后面利用贝叶斯模型加权平均方法（BMA）对多个模型的加权平均提供可靠的参数。

2.1　研　究　方　法

2.1.1　GLUE 方法

GLUE 方法是基于 RSA（Regionalized Sensitivity Analysis）方法发展起来的、结合贝叶斯理论来估计参数不确定性的一种经验频率方法。GLUE 方法的步骤如下[100,101]：

（1）假设参数的先验分布空间。

（2）对参数在其先验分布空间中进行 Monte Carlo 随机抽样，生成参数组合。

（3）利用流域降雨、蒸发、径流资料，将参数组代入模型中运行，计算各组参数值的似然函数值。

（4）选定阈值，令低于该阈值的参数组似然值为零，说明这些参数组不能表征模型的功能特征；对于高于阈值的参数组，按照其对应的似然函数值由高到低排序以及标准化，再根据其似然值的大小决定相应的权重。

（5）通过权重得到参数的后验分布，从而得到在指定置信区间下的不确定性区间。其数学公式如下[101]：

$$L[M(\Theta)] = L_0[M(\Theta)]L_T[M(\Theta|Y_T,Z_T)]/C \qquad (2.1)$$

式中：$L[M(\Theta)]$ 为参数的后验似然值。其中，$M(\cdot)$ 为所采用模型，Θ 为位于定义域内的各参数集合；$L_0[M(\Theta)]$ 为参数的先验似然值；$L_T[M(\Theta|Y_T,Z_T)]$ 为参数经过时段 T 率定后计算所得似然值；C 为比例因子；Y_T 为时段 T 内的模型输入变量；Z_T 为时段 T 内的输出变量。GLUE 方法流程图如图 2.1 所示。将 GLUE 方法应用于流域水文模型时，通常采用确定性系数（R^2）作为似然函数，其公式表示如下：

$$R^2 = 1.0 - \frac{\sum_{t=1}^{T}(Q_{\text{obs}}^t - Q_{\text{sim}}^t)^2}{\sum_{t=1}^{T}(Q_{\text{obs}}^t - \overline{Q_{\text{obs}}})^2} \qquad (2.2)$$

式中：Q_{obs}^{t} 和 Q_{sim}^{t} 分别表示 t 时刻的实测和模拟流量；$\overline{Q_{obs}}$ 表示率定期实测流量的平均值。

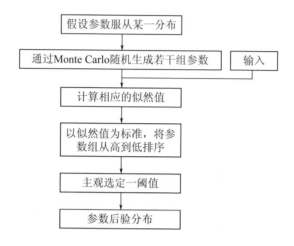

图 2.1　GLUE 方法流程图[102]

2.1.2　参数敏感性分类

在采用 GLUE 方法对概念性模型进行参数敏感性分析的时候，利用 Monte Carlo 随机抽样法随机采样高于阈值的 10000 组参数作为模型的参数组。接着分别将这些参数组代入模型中进行径流模拟，得到 10000 组模拟径流的似然函数值（也就是确定性系数值）。然后，分别对水文模型中每个参数作出似然函数散点图。根据似然函数散点图的分布和变化趋势，判断参数的敏感程度。由于有些参数的敏感性跟流域的产流等特性有关，本书通过对比两个流域的参数似然函数散点图，将敏感的参数进一步划分为敏感参数和流域敏感参数。参数的敏感性分为以下 3 类：

第一类参数：不敏感参数。这类参数的似然函数散点图都无明显变化趋势，而且分布均匀。

第二类参数：敏感参数。这类参数的似然函数散点图有变化趋势，属于敏感参数。但是，参数的似然函数散点图对不同流域的变化趋势一致，对流域不敏感。

第三类参数：流域敏感参数。这类参数的似然函数散点图有变化趋势，属于敏感参数。而且，参数的似然函数散点图对不同流域的变化趋势不一致，对流域也敏感。

2.2　3个水文模型及其参数物理意义

2.2.1　新安江模型

新安江模型是河海大学（原华东水利学院）赵人俊等在 1973 年提出来的适用于湿润地区与半湿润地区的流域水文模型[103,104]。该模型的最大特点是假定湿润地区的主要产流方式为蓄满产流，流域蓄水容量曲线是该模型的核心。近几十年来，新安江模型在流域资料丰富的条件下不断改进，已成为国内外应用较广泛的一个流域水文模型。目前，应用最广泛的是划分为地面径流、壤中流、地下径流的三水源新安江模型[105]。

当流域面积较小时，新安江模型采用集总型结构；当流域面积较大时，采用半分布式模型，把流域根据水文站点的地理位置分布分成若干个子流域，然后对每个子流域进行产、汇流计算，最后将每个子流域的出口流量做河道洪水演算，就得到了整个流域出口断面的流量过程[103]。

新安江模型的计算流程如图 2.2 所示。模型的机制及原理如下：①水源分为地表、壤中和地下径流 3 种水源；②产流采用蓄满产流模型；③蒸散发分为上层、下层和深层 3 层；④汇流分为坡地汇流和河网汇流两个阶段[106]。产流采用的是三水源新安江模型；地面汇流采用纳希单位线法，壤中流和地下径流采用不同的线性调蓄水库分别模拟其汇流过程。

新安江模型的参数较多，有 15 个参数：WUM 为上层张力水容量；WLM 为下层张力水容量；WDM 为深层张力水容量；B 为张力水蓄水容量曲线的方次；IMP 为不透水面积比例；K 为蒸散发折算系数；C 为深层蒸发系数；SM 为表层土自由水蓄水容量；KSS 为表层土自由水蓄水量对壤中流的出流系数；KG 为表层土

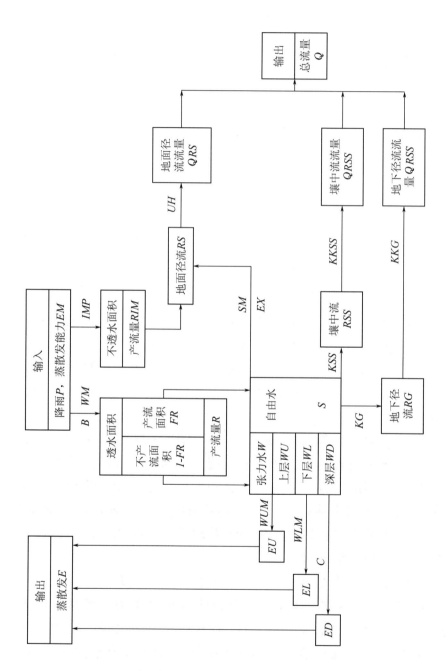

图2.2　新安江模型计算流程图[103]

自由水蓄水量对地下径流的出流系数；EX 为表层土自由水蓄水容量曲线的方次；KKG 为地下径流消退系数；$KKSS$ 为壤中流消退系数；n_nk 为线性水库个数；k_nk 为线性水库调蓄时间常数。根据各个参数的物理意义和经验总结[83]，给出了模型 15 个参数的取值范围，新安江模型参数值域见表 2.1。

表 2.1　　　　　　　　　　　　新安江模型参数值域

参数	最小值	最大值	参数	最小值	最大值
WUM	0.0	50.0	KSS	0.0	0.5
WLM	0.0	150.0	KG	0.0	0.5
WDM	0.0	100.0	EX	0.5	2.5
B	0.0	1.0	KKG	0.0	1.0
IMP	0.0	0.1	$KKSS$	0.5	1.0
K	0.0	2.0	n_nk	0.0	10
C	0.0	0.5	k_nk	0.0	10
SM	0.0	200.0			

2.2.2　SMAR 模型

SMAR 模型（the Soil Moisture Accounting and Routing model)[107]是结合蓄满产流和超渗产流的集总式概念性水文模型，模型以土壤水分含量作为核心理论。模型结构图如图 2.3 所示。该模型的产汇流机制简单描述为：根据净雨强度，将净雨按照直接径流系数可划分为直接径流和非直接径流。对于超渗产流，非直接径流大于下渗强度的部分，与直接径流一起作为地表径流汇入河道[108]。对于蓄满产流，剩余非直接径流部分渗入地下，土壤张力水蓄满后产生饱和径流，按地下径流系数划分为地表径流与地下径流。在产流阶段，模型采用二水源划分，将径流划分为地下径流与地表径流，将土壤层划分为若干具有一定蓄水容量的水平层。在汇流阶段，地面径流采用 Nash 单位线汇流，地下径流采用滞后线性水库汇流[102]。模型包括下列 9 个参数：C 为地表水蒸发速率；Z 为土壤水蓄水容量；H 为直接径流系数；Y 为下渗速率；T 为蒸发折算系数；G 为地下径流系数；K_g 为地下径流消退系数；N 为线性水库个数；K 为线性水库调蓄时间常数[109]。所有参数的取值范围见表2.2。

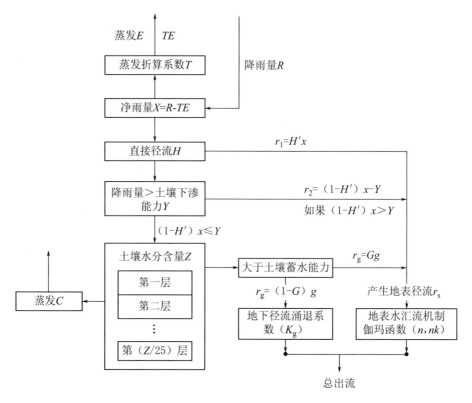

图 2.3　SMAR 模型结构图[109]

表 2.2　　　　　　　　　SMAR 模型参数的取值范围

参数	C	Z	Y	H	T	G	K_g	N	K
最小值	0	0	0	0	0	0	0	1	1
最大值	1	400	400	1	1	1	1	20	20

2.2.3　SIMHYD 模型

SIMHYD 模型[110]是 20 世纪 70 年代提出的一个考虑了超渗和蓄满两种产流机制的概念性水文模型。径流划分为地表径流、壤中流和地下径流 3 类，模型的计算过程如下：降雨首先被地表植物截留，截留后为剩余部分降雨[102]。当剩余降雨强度超过流域的下渗能力，则首先形成地表径流，然后下渗的水量分别转化为土壤水、壤中流和地下水[111]。接着，根据地下水的储蓄量，采用线性水库的出流理论来计算基流，用土壤含水量线性估算壤中流[102]。最后，将地表径流、壤中流和基流进行线性叠加，得到出口断面的模拟径流。该模型结构简单，参数较少，包括 7 个参数：$Rinsc$ 为截流储蓄容量；$Coeff$ 为最大下渗损失量；Sq 为下渗损失指数；$Smsc$ 为土壤蓄水容量；Sub 为壤中流出流系数；$Crak$ 为地下水补充系数；Rk 为地下径流系数[112]。SIMHYD 模型参数的取值范围见表 2.3。

表 2.3   **SIMHYD 模型参数的取值范围**

参数	$Rinsc$	$Coeff$	Sq	$Smsc$	Sub	$Crak$	Rk
最小值	1	0	0	50	0	0	0.003
最大值	10	400	10	500	1	1	0.3

2.3 应 用 研 究

2.3.1 研究流域和数据

以汉江上游的牧马河流域和汉中流域为例，分别对 3 个概念性模型的参数敏感性进行分析。这两个流域均属亚热带，气候温和，雨量充沛，是陕西省水资源最丰富的地区。因此可以判断两个流域均属于湿润地区，以蓄满产流为主。其中，牧马河流域面积为 1224km^2，汉中流域面积为 9329km^2。这里采用牧马河流域 1980—1987 年及汉中流域 1981—1990 年的实测日降雨量、蒸发量和径流量资料。两个流域的资料见表 2.4。

表 2.4   **研 究 流 域 资 料**

流域	产流方式	面积/km²	水文资料	备 注
牧马河	蓄满产流	1224	1980—1987 年	日降雨、日蒸发、日径流
汉中	蓄满产流	9329	1981—1990 年	日降雨、日蒸发、日径流

2.3.2　新安江模型参数的敏感性分析

通过新安江模型对两个流域日流量的模拟，可以得到两个流域 15 个参数的似然函数关系图[83]。因为两个流域的模拟效果有差异，牧马河流域的参数似然函数图采用确定性系数大于 0.6，汉中流域的参数似然函数图采用确定性系数大于 0.5，作为截取的临界值来反映参数的敏感程度和变化趋势。根据对比两个流域对应参数的似然函数散点分布图的形状和趋势，将参数分为如下 3 类。

第一类参数：不敏感参数。这类参数对于两个流域，参数的似然函数散点都无明显变化趋势，而且分布均匀，如图 2.4 所示，这类参数有：WUM、C、EX、KSS、KG、$KKSS$、KKG。

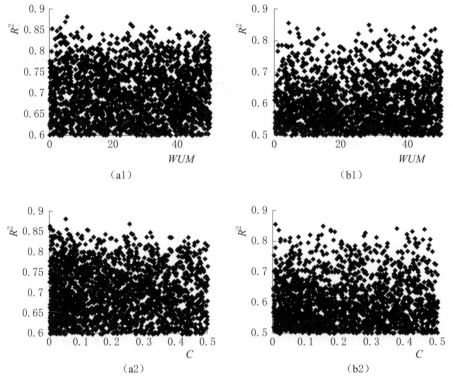

图 2.4（一）　不敏感参数的似然函数散点图
（其中 a 为牧马河流域，b 为汉中流域）

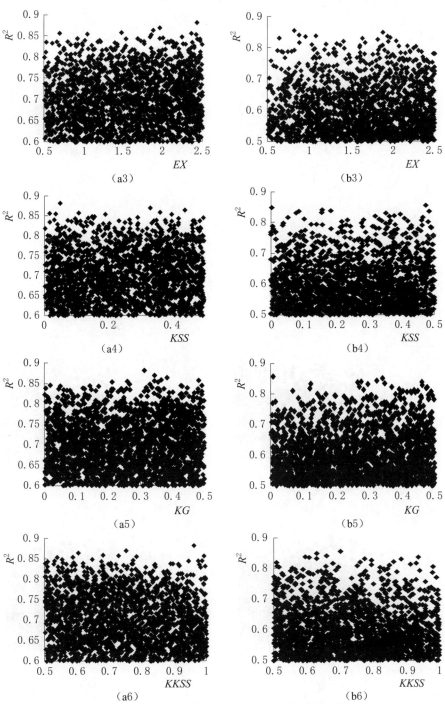

图 2.4（二）　不敏感参数的似然函数散点图

（其中 a 为牧马河流域，b 为汉中流域）

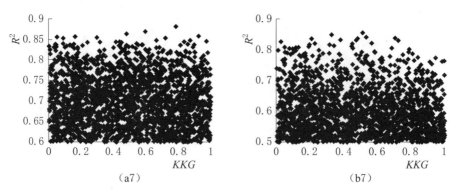

(a7)　　　　　　　　　　　　　　　(b7)

图 2.4（三）　不敏感参数的似然函数散点图

（其中 a 为牧马河流域，b 为汉中流域）

　　第二类参数：敏感参数。这类参数的似然函数散点有变化趋势，属于敏感参数。但在两个流域的变化趋势一致，如图 2.5 所示，这类参数包括：B、WLM、n_nk。

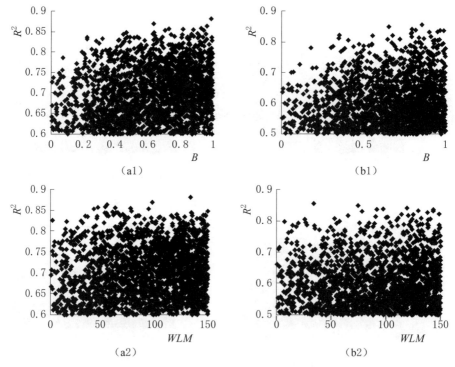

(a1)　　　　　　　　　　　　　　　(b1)

(a2)　　　　　　　　　　　　　　　(b2)

图 2.5（一）　敏感参数的似然函数散点图

（其中 a 为牧马河流域，b 为汉中流域）

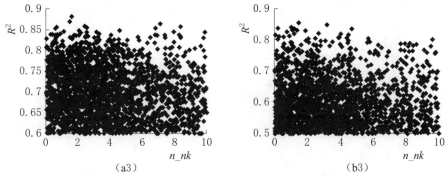

（a3）　　　　　　　　　　　　　　　　（b3）

图 2.5（二）　敏感参数的似然函数散点图

（其中 a 为牧马河流域，b 为汉中流域）

张力水蓄水容量曲线的方次 B 和下层张力水容量 WLM 的似然函数散点都左疏右密，两个流域都有上升趋势。线性水库个数 n_nk 的似然函数散点左密右疏，两个流域都有下降趋势。

第三类参数：流域敏感参数。这类参数的似然函数散点有变化趋势，而且在两个流域的变化趋势不同，如图 2.6 所示，这类参数包括：K、IMP、WDM、SM、k_nk。

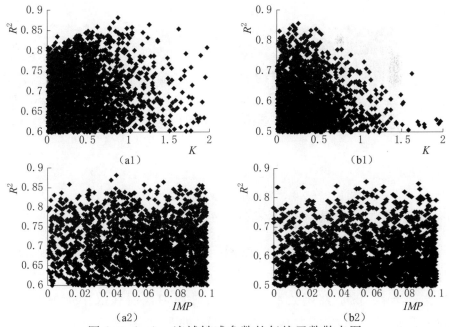

（a1）　　　　　　　　　　　　　　　　（b1）

（a2）　　　　　　　　　　　　　　　　（b2）

图 2.6（一）　流域敏感参数的似然函数散点图

（其中 a 为牧马河流域，b 为汉中流域）

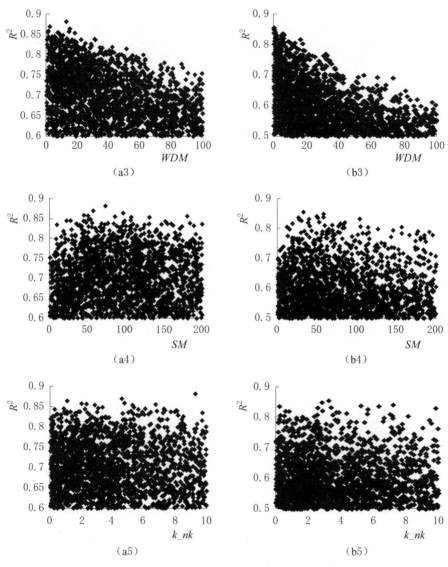

图 2.6（二）　流域敏感参数的似然函数散点图

（其中 a 为牧马河流域，b 为汉中流域）

　　蒸散发折算系数 K 的似然函数散点左密右疏，在牧马河流域有先上升后下降的趋势，而在汉中流域只有下降的趋势。不透水面积比例 IMP 的似然函数散点分布相对均匀，但在汉中流域有略微的上升趋势。深层张力水容量 WDM 的似然函数散点都呈下降趋势，但是在汉中流域下降更快。表层土自由水蓄水容量 SM 的似然函数散点在牧马河流域分布均匀，但在汉中流域有先上升后下降趋势。线性水库调蓄时间常数 k_nk 的似然函数散点在牧马河流域分布均匀，但在汉中流域左密右疏，有下降趋势。

2.3.3 SMAR 模型参数的敏感性分析

通过 SMAR 模型对两个流域日流量的模拟，可以得到两个流域 9 个参数的似然函数散点图。鉴于两个流域的模拟效果有差异，牧马河流域的参数似然函数图采用确定性系数大于 0.25，汉中流域的参数似然函数图采用确定性系数大于 0.3，作为截取的临界值来反映参数的敏感程度和变化趋势。根据对比两个流域对应参数的似然函数散点图的形状和趋势，将参数分为如下 3 类。

第一类参数：不敏感参数。这类参数对于两个流域，参数的似然函数散点都无明显变化趋势，而且分布均匀，如图 2.7 所示，这类参数有：C、Z、Y、Kg。

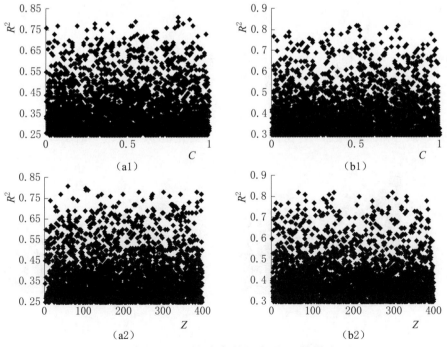

图 2.7（一） 不敏感参数的似然函数散点图

（其中 a 为牧马河流域，b 为汉中流域）

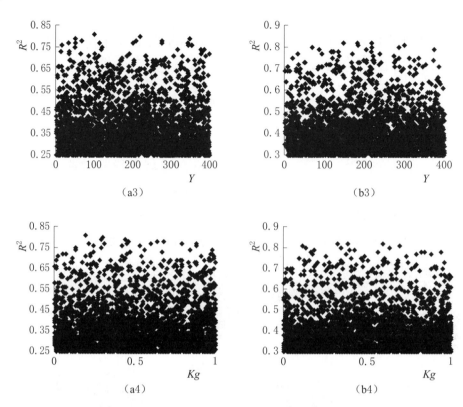

图 2.7（二）　不敏感参数的似然函数散点图

（其中 a 为牧马河流域，b 为汉中流域）

第二类参数：敏感参数。这类参数的似然函数散点有变化趋势，属于敏感参数，但在两个流域的变化趋势一致，如图 2.8 所示，

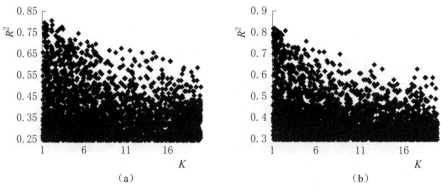

图 2.8　敏感参数的似然函数散点图

（其中 a 为牧马河流域，b 为汉中流域）

这类参数只有 K。

线性水库调蓄时间常数 K 的似然函数散点在两个流域都呈现线性下降的趋势。

第三类参数：流域敏感参数。这类参数的似然函数散点有变化趋势，而且在两个流域的变化趋势不同，如图 2.9 所示，这类参数包括：H、T、G、N。

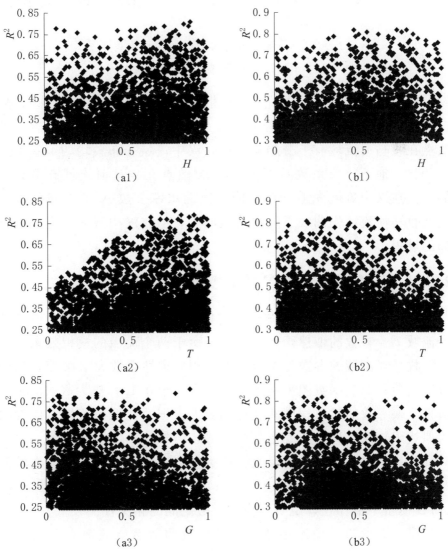

图 2.9（一） 流域敏感参数的似然函数散点图

（其中 a 为牧马河流域，b 为汉中流域）

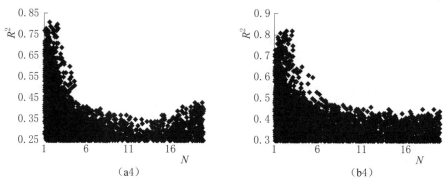

图 2.9（二）　流域敏感参数的似然函数散点图

（其中 a 为牧马河流域，b 为汉中流域）

直接径流系数 H 的似然函数散点在牧马河流域有上升趋势，在汉中流域是先上升后下降的趋势。蒸发折算系数 T 的似然函数散点在牧马河流域有上升趋势，但在汉中流域分布较均匀，基本上无趋势。地下径流系数 G 的似然函数散点在牧马河流域有下降趋势，但在汉中流域先上升后下降。线性水库个数 N 的似然函数散点在牧马河流域先曲线下降再略微回升，但在汉中流域只有曲线下降的过程。

2.3.4　SIMHYD 模型参数的敏感性分析

通过 SIMHYD 模型对两个流域的日流量的模拟，可以得到两个流域 7 个参数的似然函数关系图。鉴于两个流域的模拟效果有差异，牧马河流域的参数似然函数图采用确定性系数大于 0.25，汉中流域的参数似然函数图采用确定性系数大于 0.15，作为截取的临界值来反映参数的敏感程度和变化趋势。根据对比两个流域对应参数的似然函数散点分布图的形状和趋势，将参数分为如下 3 类。

第一类参数：不敏感参数。这类参数对于两个流域，参数的似然函数散点都无明显变化趋势，而且分布均匀。这类参数在 SIM-HYD 模型中不存在，说明该模型参数之间的相关性比较低。

第二类参数：敏感参数。这类参数的似然函数散点有变化趋势，属于敏感参数，但在两个流域的变化趋势一致，如图 2.10 所示，这类参数包括：$Rinsc$、$Coeff$、Sq、$Smsc$、$Crak$、Rk。

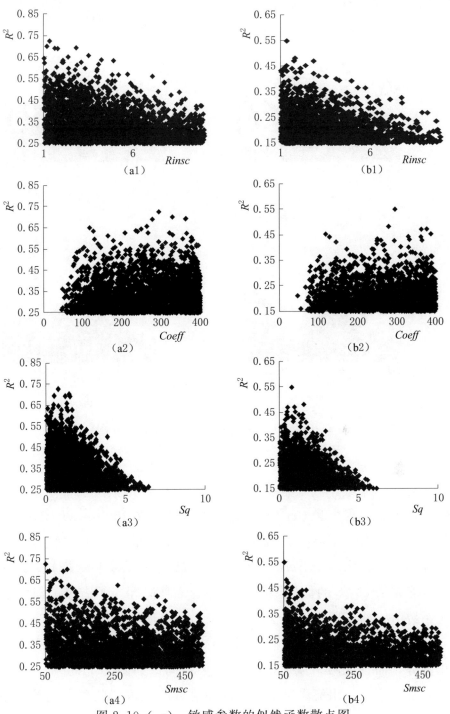

图 2.10（一） 敏感参数的似然函数散点图

（其中 a 为牧马河流域，b 为汉中流域）

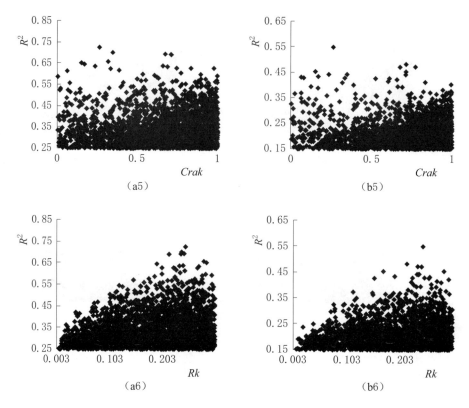

图 2.10（二）　敏感参数的似然函数散点图

（其中 a 为牧马河流域，b 为汉中流域）

　　对两个流域，截流储蓄容量 $Rinsc$ 的似然函数散点都呈下降趋势，最大下渗损失量 $Coeff$ 的似然函数散点在 100mm 以上基本上都呈均匀分布。下渗损失指数 Sq 的似然函数散点在 0～6 之间线性下降，土壤蓄水容量 $Smsc$ 的似然函数散点呈缓慢下降趋势。地下水补充系数 $Crak$ 的似然函数散点左疏右密，呈上升趋势。地下径流系数 Rk 的似然函数散点左疏右密，均出现峰值。

　　第三类参数：流域敏感参数。这类参数的似然函数散点图有变化趋势，而且在两个流域的变化趋势不同，如图 2.11 所示，这类参数只有壤中流出流系数 Sub。汉中流域的 Sub 没有牧马河流域下降快。

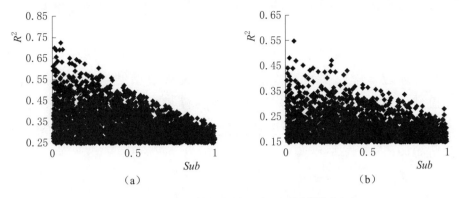

图 2.11 流域敏感参数的似然函数散点图

（其中 a 为牧马河流域，b 为汉中流域）

2.4 本 章 小 结

本章利用 GLUE 方法对 3 个概念性水文模型（新安江模型、SMAR 模型和 SIMHYD 模型）的参数进行敏感性分析。因为 GLUE 方法是结合贝叶斯理论来估计参数不确定性的，所以该方法可以推求出每个参数的后验分布及其似然函数关系图。本章将 3 个模型分别应用在两个不同的流域上，根据参数的似然函数关系图的形状和比较其在两个流域的区别，将模型的参数敏感性划分为 3 类：不敏感参数、敏感参数、流域敏感参数。

对于新安江模型，15 个参数中有 7 个参数（WUM、C、EX、KSS、KG、$KKSS$、KKG）不敏感，对确定性系数影响较小；参数 B、WLM、n_nk 对确定性系数影响比较大，属于敏感参数；参数 K、IMP、WDM、SM、k_nk 对确定性系数影响较大，而且这类参数的似然函数散点图形状在两个流域不一样，属于流域敏感参数。对于 SMAR 模型，9 个参数中有 4 个参数（C、Z、Y、Kg）不敏感，对确定性系数影响较小；参数 K 对确定性系数影响比较大，属于敏感参数；参数 H、T、G、N 对确定性系数影响较大，而且这类参数的似然关系图形状在两个流域不一样，属于流域敏感参数。对于 SIMHYD 模型，7 个参数中没有不敏感参数；有 6

个参数（$Rinsc$、$Coeff$、Sq、$Smsc$、$Crak$、Rk）对确定性系数影响比较大，属于敏感参数；参数 Sub 对确定性系数影响较大，而且这类参数的似然函数散点图形状在两个流域不一样，属于流域敏感参数。通过 3 个模型的参数比较，可以发现模型结构最复杂的新安江模型的不敏感参数最多，说明新安江模型参数中的冗余程度比较高。SIMHYD 模型没有不敏感参数，说明 SIMHYD 模型的参数比较精简。

第3章　基于 BMA 的综合多水文模型和多目标函数的不确定性分析

　　不同模型的优势体现在模拟现实世界的不同方面，对不同模型的预报值取一个权重得到的综合预报值能得到比单一模型预报值更好的预报效果。早期的水文模型综合研究采用神经网络[32]和模糊系统[33]等方法。近年来，贝叶斯模型加权平均方法（BMA）也广泛应用到了水文综合预报中。

　　贝叶斯模型加权平均方法在统计学中盛行于 20 世纪 90 年代中期，Madigan[113]和 Raftery[114]首次提出将这个方法应用于综合预报。接着，Hoeting 等[96]更加详尽地研究了 BMA 方法。然后它被应用于不同的领域，如经济学[115]、生物学[116]、生态学[117]、公共卫生学[118]、毒理学[119]、气象学[120]和管理科学[121]。在很多研究中，BMA 被证实是一种相比于其他模型组合方法，能够得到更准确和可靠的预报的方法[96,120,122]。近几年来，水文学者也将它应用于水文模型，如地下水模型[123]和降雨-径流模型[124-128]。

　　由单一模型得到的预报值有一定程度的不确定性，由几个模型综合得到的预报值亦是如此。因此，对任何水文模型的研究，不确定性分析是必不可少的。不确定性通常来源于参数优化、模型结构的设计，以及输入输出数据的观测过程中[129]。为了说明这些不确定性，许多不确定性分析方法被提出并应用于各种各样的流域，例如极大似然不确定性分析方法（GLUE）[23]、参数求解方法（ParaSol）[130]和基于马尔科夫链-蒙特卡洛算法的贝叶斯推断方法（MCMC）[131,132]。这些方法在不确定性分析中各有优势。在 BMA 方法的不确定性分析中，是采用蒙特卡洛组合方法[133]来产生 BMA 方法的 90％预测不确定性区间（5％和 95％分位数之间的区间）。

本书采用两种 BMA 方案来比较分析模型通过 BMA 方法综合预报的不确定性影响。第一种 BMA 方案采用同一个目标函数（确定性系数）来率定 3 个模型，因而得到 3 组不同的预报值来用于第一种 BMA 方案的综合。第二种 BMA 方案采用除了确定性系数之外的 3 个在不同流量范围（低、中、高水）有较好模拟效果的目标函数，来逐一率定 3 个模型，从而每个模型都可以得到 3 组不同的优化参数值。由于同一个模型的不同优化参数值会导致不同的预报结果，因此有 9 组不同的预报值来用于第二种 BMA 方案的综合。然后，用 3 个指标来评估 BMA 方法的平均预报值的效果，并且用另外 3 个指标来评估 BMA 方法的预测不确定性区间。此外，将整个流量分为高、中、低 3 个流量范围，来详尽地分析和比较两组 BMA 方案的平均预报值和预测不确定性区间。

3.1　BMA 方法及基本原理

3.1.1　BMA 方法

贝叶斯模型加权平均（BMA）方法是一个通过加权平均不同模型的预报值得到更可靠的综合预报值的数学方法。这个方法不仅可以用于模型集合预报，而且可以用于计算模型内和模型间的不确定性[124,125]。下面简单介绍这个方法的基本原理。

假设 Q 为预报变量，$D=[X,Y]$ 为实测数据（其中 X 表示输入资料，Y 表示实测的流量资料），$f=[f_1,f_2,\ldots,f_K]$ 是 K 个模型预报的集合。BMA 的概率预报表示如下：

$$p(Q \mid D) = \sum_{k=1}^{K} p(f_k \mid D) \cdot p_k(Q \mid f_k, D) \qquad (3.1)$$

式中：$p(f_k|D)$ 为在给定实测数据 D 下，第 k 个模型预报 f_k 的后验概率，它反映了 f_k 与实测流量 Y 的匹配程度。实际上，$p(f_k|D)$ 就是 BMA 的权重 w_k，精度越高的模型得到的权重越大。所有的

权重都是正值，并且加起来等于 1。$p_k(Q|f_k,D)$ 为在给定模型预报 f_k 和数据 D 的条件下预报量 Q 的条件概率方程。如果 f_k 服从均值为 f_k，方差为 σ_k^2 的正态分布，$p_k(Q|f_k,D)$ 可以表示为 $g(Q|f_k,\sigma_k^2)\sim N(f_k,\sigma_k^2)$。首先将模型预报值和实测流量都用 Box–Cox 转化方法进行正态转化，可以方便 BMA 计算。

BMA 平均预报值是单个模型预报值的加权平均结果。如果单个模型预报值和实测流量均服从正态分布，BMA 平均预报值的公式如下：

$$E(Q\mid f,D)=\sum_{k=1}^{K}p(f_k\mid D)\cdot g(Q\mid f_k,\sigma_k^2)$$
$$=\sum_{k=1}^{K}w_k\cdot g(Q\mid f_k,\sigma_k^2) \tag{3.2}$$

则 BMA 预报方差可以通过下面的公式计算出来：

$$Var(Q\mid f,D)=\sum_{k=1}^{K}p(f_k\mid D)\cdot Var(Q\mid D,f_k)+\sum_{k=1}^{K}p(f_k\mid D)\cdot\sigma_k^2$$
$$=\sum_{k=1}^{K}w_k\left(f_k-\sum_{i=1}^{K}w_if_i\right)^2+\sum_{k=1}^{K}w_k\sigma_k^2 \tag{3.3}$$

这个公式的右边包括两项：第一项是模型间误差，第二项是模型内误差（参见 Raftery et al.，2005），表示如下：

$$模型间误差=\sqrt{\sum_{k=1}^{K}w_k\left(f_k-\sum_{i=1}^{K}w_if_i\right)^2} \tag{3.4}$$

$$模型内误差=\sqrt{\sum_{k=1}^{K}w_k\sigma_k^2} \tag{3.5}$$

3.1.2 期望最大化算法

期望最大化（EM）算法是建立在 K 个模型预报均服从正态分布的假设之上的计算 BMA 的有效方法[122]。这里将采用 EM 算法来计算 BMA 权重 w_k 和模型预报误差 σ_k^2。EM 算法的基本原理和计算步骤介绍如下。

首先，用 $\theta=\{w_k,\sigma_k^2,k=1,2,\cdots,K\}$ 来表示待求的 BMA 参

数，则似然方程的对数形式可以表示如下：

$$l(\theta) = \log[p(Q \mid D)] = \log\left[\sum_{k=1}^{K} w_k \cdot g(Q \mid f_k, \sigma_k^2)\right] \quad (3.6)$$

根据式（3.6），可以发现很难用解析法来最大化似然方程。而 EM 算法可以通过期望和最大化两步的反复迭代直至收敛，来得到极大似然值，这时就可以得到 $\theta = \{w_k, \sigma_k^2, k=1,2,\cdots,K\}$ 的数值解。用 EM 算法计算 BMA 参数的具体步骤如下：

（1）初始化：

设 $Iter = 0$，有

$$w_k^{(0)} = 1/K, \ \sigma_k^{2(0)} = \dfrac{\sum\limits_{k=1}^{K}\sum\limits_{t=1}^{T}(Y^t - f_k^t)^2}{K \cdot T} \quad (3.7)$$

式中：$Iter$ 为迭代次数；T 为率定期的数据长度；Y^t 和 f_k^t 分别为 t 时刻的实测流量和第 k 个模型的预报流量。

（2）计算初始似然值：

$$l(\theta)^{(0)} = \sum_{t=1}^{T}\log\left\{\sum_{k=1}^{K}\left[w_k^{(0)} \cdot g(Q \mid f_k^t, \sigma_k^{2(0)})\right]\right\} \quad (3.8)$$

（3）计算隐藏变量：

设 $Iter = Iter + 1$，有

$$z_k^{t(Iter)} = \dfrac{g(Q \mid f_k^t, \sigma_k^{2(Iter-1)})}{\sum\limits_{k=1}^{K}g(Q \mid f_k^t, \sigma_k^{2(Iter-1)})} \quad (3.9)$$

（4）计算权重：

$$w_k^{(Iter)} = \dfrac{1}{T}\left[\sum_{t=1}^{T}z_k^{t(Iter)}\right] \quad (3.10)$$

（5）计算模型预报误差：

$$\sigma_k^{2(Iter)} = \dfrac{\sum\limits_{t=1}^{T}z_k^{t(Iter)} \cdot (Y^t - f_k^t)^2}{\sum\limits_{t=1}^{T}z_k^{t(Iter)}} \quad (3.11)$$

(6) 计算似然值：

$$l(\theta)^{(Iter)} = \sum_{t=1}^{T} \log \left\{ \sum_{k=1}^{K} \left[w_k^{(Iter)} \cdot g(Q \mid f_k^t, \sigma_k^{2(Iter)}) \right] \right\} \quad (3.12)$$

(7) 检验收敛性：如果 $l(\theta)^{(Iter)} - l(\theta)^{(Iter-1)}$ 小于或等于预先设定的允许误差，就停止；否则回到步骤（3）。

在上述 EM 算法中，用到了一个隐藏变量 z_k^t 来辅助计算 BMA 权重。

3.1.3 不确定性区间的估计方法

用 EM 算法计算得到 BMA 权重 w_k 和模型预报误差 σ_k^2 之后，采用 Monte Carlo 随机抽样方法来产生 BMA 任意时刻 t 的预报不确定性区间[133]。详细步骤介绍如下。

（1）根据各水文模型的权重 $[w_1, w_2, \cdots, w_k]$，在 $[1, 2, \cdots, K]$ 中随机生成一个整数来抽选模型 k。具体步骤如下：

1）设累积概率 $w_0' = 0$，计算 $w_k' = w_{k-1}' + w_k (k = 1, 2, \cdots, K)$。

2）随机产生一个 0 到 1 之间的小数 u。

3）如果 $w_{k-1}' \leqslant u < w_k'$，则表示选择第 k 个模型。

（2）由第 k 个模型在 t 时刻的概率分布 $g(Q_t \mid f_k^t, \sigma_k^2)$ 中随机产生一个流量值 Q_t。这里的 $g(Q_t \mid f_k^t, \sigma_k^2)$ 表示均值为 f_k^t，方差为 σ_k^2 的正态分布。

（3）重复步骤（1）和（2）M 次。M 为生成不确定性区间取样的总个数，令 $M = 1000$。

BMA 在任意时刻 t 的 1000 个样本值由上述方法取样得到以后，将它们从小到大排序，BMA 的 90% 预报不确定性区间就是 5% 和 95% 分位数之间的部分。

对单个模型，同样采取 Monte Carlo 随机抽样方法，由每个模型在 t 时刻的概率分布 $g(Q_t \mid f_k^t, \sigma_k^2)$ 抽取 1000 个样本，得到各模型的 90% 预报不确定性区间。

3.1.4 Box – Cox 转化法

当实测流量和模型预报流量都高度不服从正态分布时，就要在用 EM 算法之前将这些数据转化为服从正态分布的数据。Box-Cox 转化法公式表示如下：

$$td_t = \begin{cases} \dfrac{od_t^\lambda - 1}{\lambda}, & \lambda \neq 0 \\ \log(od_t^\lambda), & \lambda = 0 \end{cases} \tag{3.13}$$

式中：od_t 为 t 时刻未转化的原始数据；td_t 为转化后的数据；λ 为 Box-Cox 转化系数。因为 EM 算法中需要把模型预报值结合计算，所以对所有的模型预报值和实测流量，都采用同一个转化系数 λ。

3.2　多水文模型和多目标函数的组合

3.2.1　水文模型及其参数率定

这里采用新安江模型、SMAR 模型和 SIMHYD 模型 3 个水文模型（参见第 2 章）来进行径流预报。结合第 2 章对这 3 个模型的参数的讨论，采用混合复合型进化算法（SCE-UA）来率定参数。现将 SCE-UA 算法简单介绍如下。

SCE-UA 算法的基本思路是将基于确定性的复合型搜索技术和自然界中的生物竞争进化原理相结合[134]。它结合了现有算法（包括基因算法等）中的一些优点，可以解决高维参数的全局优化问题，且不需要显式的目标函数或目标函数的偏导数。

3.2.2　目标函数

在水文模型的参数率定过程中，目标函数是参数的优化准则，它影响着参数的率定，从而影响模型的模拟效果。不同的目标函数对不同量级的流量的模拟效果不同。例如，以流量平方形式的方差作为目标函数，可以对高水有较好的模拟效果；以流量对数形式的方差作为目标函数，可以对低水有较好的模拟效果[135-136]。本书中，4 种不同的目标函数将用于模型参数的率定：

（1）OF1：确定性系数（R^2），R^2 的表达式见式（2.2）。

（2）OF2：平方均方误（$MSEST$）。计算公式如下：

$$MSEST = \frac{\sum\limits_{t=1}^{T}(Q_{\text{obs}}^{t\,2} - Q_{\text{sim}}^{t\,2})^2}{T} \qquad (3.14)$$

将流量平方以后，会放大流量的误差，尤其是高水部分。因此，这个目标函数对高水有较好的模拟效果。

（3）OF3：平方根均方误（$MSESRT$）。计算公式如下：

$$MSESRT = \frac{\sum\limits_{t=1}^{T}(\sqrt{Q_{\text{obs}}^{t}} - \sqrt{Q_{\text{sim}}^{t}})^2}{T} \qquad (3.15)$$

这个目标函数对流量曲线整体有较好的模拟效果，可以把它看作是对中水有较好的模拟效果。

（4）OF4：对数均方误（$MSELT$）。计算公式如下：

$$MSELT = \frac{\sum\limits_{t=1}^{T}(\ln Q_{\text{obs}}^{t} - \ln Q_{\text{sim}}^{t})^2}{T} \qquad (3.16)$$

将流量取平方根以后，会放大低水部分流量的误差。因此，这个目标函数对低水有较好的模拟效果。

3.2.3 BMA(3) 和 BMA(9) 方案

这里采用两种 BMA 方案来对 3 个模型的预报值进行综合。第一种 BMA 方案（图 3.1），它的综合对象是由 OF1（即确定性系数）作为目标函数来率定 3 个模型参数得到的 3 组预报值，因此将这种方案表示为 BMA(3)。由于同一个模型用 3 个不同的目标

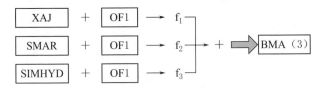

图 3.1 BMA(3) 的组成结构示意图

函数进行参数率定会得到 3 组不同的参数值，从而得到 3 组不同的预报值，那么 3 个模型分别用 OF2、OF3 和 OF4 这 3 个不同目标函数来进行参数率定，就会得到 9 组不同的预报值。第二种BMA 方案（图 3.2）的综合对象就是这 9 组预报值，将这种方案表示为 BMA(9)。

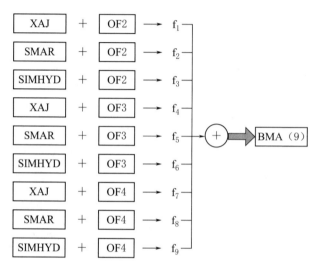

图 3.2　BMA(9) 的组成结构示意图

3.3　精　度　指　标

在本章中，不仅采用 3 个指标来评定两种 BMA 方案得到的平均预报值和单个模型预报的精度，还采用 3 个指标来评定两种BMA 方案和单个模型的预报不确定性区间的优良性。

3.3.1　预报精度评定指标

（1）确定性系数（R^2）。R^2 的表达式见式（2.2）。R^2 不仅可以用作目标函数，而且还被广泛地用作精度评定指标。它的值域是从负无穷大到 1.0，值越大表示精度越高。

（2）日均方根差（$DRMS$）。计算公式如下：

$$DRMS = \sqrt{\frac{\sum\limits_{t=1}^{T}(Q_{obs}^t - Q_{sim}^t)^2}{T}} \qquad (3.17)$$

式中：Q_{obs}^t 和 Q_{sim}^t 分别为 t 时刻的实测流量和模拟流量。因为统计中水时会出现 R^2 为负值的情况，而且 $DRMS$ 是一个对实测值和模拟值的差异很敏感的指标，所以用 $DRMS$ 来对比分析结果会更加清晰。$DRMS$ 的值越小表示精度越高。

（3）径流总量相对误差（RE）。计算公式如下：

$$RE = 1.0 - \frac{\sum\limits_{t=1}^{T}Q_{sim}^t}{\sum\limits_{t=1}^{T}Q_{obs}^t} \qquad (3.18)$$

RE 的绝对值越小，表示实测总流量和模拟总流量的误差越小。

3.3.2　预报不确定性区间的优良性评价指标

熊立华等（2009）[136]已经列出了一系列指标来评价由模型不确定性分析方法得到的预报不确定性区间的优良性。本书采用其中 3 个主要指标来评定两种 BMA 方案和单个模型得到的预报不确定性区间。

（1）覆盖率（CR）。覆盖率是指实测数据包含于预报不确定性区间的比率，是最常用的预报不确定性区间评价指标。CR 值越大，表示不确定性区间覆盖率越高。

（2）平均带宽（B）。计算公式如下：

$$B = \frac{1}{T}\sum\limits_{t=1}^{T}(q_u^t - q_l^t) \qquad (3.19)$$

式中：q_u^t 和 q_l^t 分别表示 t 时刻的预报不确定性区间的上界和下界。平均带宽也是常用的预报不确定性区间评价指标之一。对于指定的置信水平，在保证有较高的覆盖率前提下，预报不确定性区间的平均带宽越窄越好。

（3）平均偏移幅度（D）。平均偏移幅度 D 是衡量预报不确定性区间的中心线偏离实测流量过程线程度的指标。计算公式如下：

$$D = \frac{1}{T} \sum_{t=1}^{T} \left| \frac{1}{2}(q_u^t + q_1^t) - Q_{obs}^t \right| \qquad (3.20)$$

式中：Q_{obs}^t 表示 t 时刻的实测流量。

3.4　计　算　实　例

以牧马河流域作为算例，采用牧马河流域 1980—1987 年的日降雨、日径流和日蒸发资料。这 8 年的年平均降雨量为 1070mm，年平均径流深为 687mm，约占年平均降雨量的 64%。率定期采用 1980—1984 年连续 5 年的资料；检验期采用 1985—1987 年连续 3 年的资料。BMA 方法的计算流程见图 3.3。

3.4.1　BMA(3) 方案的预报值及不确定性区间结果

1. BMA(3) 和组成它的单个模型的预报值对比

在 BMA(3) 方案中，组成它的单个模型的权重如图 3.4 所示。

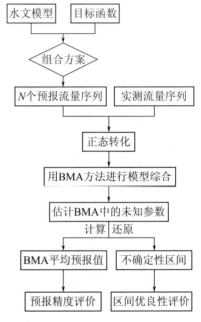

图 3.3　BMA 方法的计算流程图

由此可知，模拟精度最高的新安江模型在 3 个模型中的权重最大，说明 BMA(3) 方案中的权重可以反映单个模型的模拟效果，模拟效果好的权重响应要大。但是模拟精度最低的 SIMHYD 模型的权重却不是最小的，可见 BMA(3) 方案中单个模型的权重不一定跟模拟效果成正比，跟单个模型的不确定性区间特性也有关系，BMA(3) 权重综合了模拟精度和不确定性区间最优。

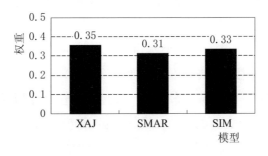

图 3.4　BMA(3) 中单个模型的权重图

表 3.1 列出了 BMA(3) 和组成它的 3 个模型预报值在整个流量序列的精度评定结果。从表 3.1 可以看出，BMA(3) 平均预报值的效率系数在率定期可以达到 90.68%，在检验期可以达到 86.98%，这些比模拟效果最好的单个模型预报值（新安江模型）都大。相应地，BMA(3) 平均预报值的 $DRMS$ 值也比任何一个单一模型的要小，这进一步说明了通过 BMA 方法加权平均后的预报值比单一模型的模拟效果好。但是，BMA(3) 平均预报值在径流总量相对误差 RE 这个指标上没有任何优势。总体上，BMA(3) 平均预报值对比单个模型的预报值模拟精度更高。

表 3.1　BMA(3) 和组成它的 3 个模型的预报值和 90%

不确定性区间在整个流量序列的统计结果

时期	模型	预报精度			90%不确定性区间		
		$R^2/\%$	$DRMS/(\mathrm{m^3/s})$	$RE/\%$	$CR/\%$	$B/(\mathrm{m^3/s})$	$D/(\mathrm{m^3/s})$
率定期	XAJ	88.69	30.77	21.04	24.83	31.41	16.69
	SMAR	87.69	32.11	16.21	32.83	32.80	17.21
	SIM	80.73	40.17	31.51	14.83	27.38	22.33
	BMA	90.68	27.92	27.87	40.72	43.76	16.06
检验期	XAJ	85.77	29.22	17.79	24.28	24.66	14.09
	SMAR	85.30	29.70	14.19	31.91	25.52	14.56
	SIM	69.81	42.56	39.48	14.33	18.40	20.07
	BMA	86.98	27.95	30.72	40.65	36.71	14.13

注　阴影部分表示最优值。

此外，根据牧马河流域的流量值特征，将流量分为 3 个等级：流量从大到小排序后，前 10% 的大流量定为高水，中间 50% 的流量定为中水，后 40% 的小流量定为低水。表 3.2 是 BMA(3) 和组成它的 3 个模型预报值分别在 3 个不同流量等级的精度评定结果。根据 R^2 和 $DRMS$ 两个指标的值，可以发现在高水和低水部分，BMA(3) 的平均预报值的模拟效果比单个模型都要好，而在中水部分，BMA(3) 的模拟效果比最好的单个模型略差。

表 3.2　　BMA(3) 和组成它的 3 个模型的预报值在
3 个不同流量等级的统计结果

指标	模型	率　定　期			检　验　期		
		高水	中水	低水	高水	中水	低水
R^2/%	XAJ	90.59	36.17	95.28	88.02	16.42	91.52
	SMAR	89.79	33.48	92.98	88.04	11.53	86.26
	SIM	86.74	−70.56	94.03	78.09	−185.68	91.36
	BMA	93.01	32.28	95.83	89.00	22.03	93.66
$DRMS$/(m³/s)	XAJ	90.63	22.56	8.31	96.56	19.68	7.95
	SMAR	94.42	23.03	10.13	96.49	20.25	10.12
	SIM	107.59	36.88	9.35	130.59	36.39	8.03
	BMA	78.15	23.24	7.81	92.51	19.01	6.87
RE/%	XAJ	10.68	26.87	59.15	7.52	20.85	54.67
	SMAR	11.90	18.54	32.55	16.73	8.48	24.45
	SIM	16.29	43.16	71.73	31.27	41.27	71.53
	BMA	15.48	35.66	69.29	22.49	31.35	67.48

注　阴影部分表示最优值。

2. BMA(3) 和组成它的单个模型的不确定性区间对比

BMA(3) 和组成它的单个模型在整个时间序列的不确定性区间的结果参见表 3.1。由表 3.1 可知，BMA(3) 的不确定性区间对

观测值的覆盖率 CR 比单个模型都明显要高，而且 BMA(3) 不确定性区间的平均偏移幅度 D 基本上比单个模型都小，但是它的平均带宽 B 却比单个模型的都大。也就是说，从 CR 和 D 这两个指标看，BMA(3) 的不确定性区间比单个模型的优良。接着，选用率定期中的 1983 年和检验期中的 1987 年的不确定性区间图来比较 BMA(3) 和组成它的 3 个模型的不确定性区间优良性。图 3.5 表示的是 1983 年 BMA(3) 和组成它的 3 个模型的预报值和 90％不确定性区间。图 3.5 中，实测流量用小圆点表示，BMA(3) 的平均预报值和组成它的 3 个模型的预报值都用实线表示，90％不确定性区间用阴影部分表示。图 3.5 的结果和表 3.1 的一致。此外，从图 3.5 还可以

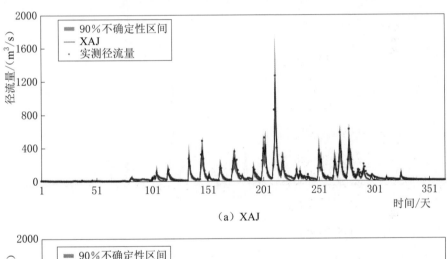

（a）XAJ

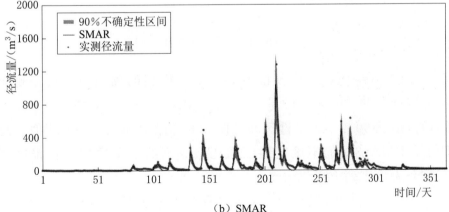

（b）SMAR

图 3.5（一） BMA(3) 和组成它的 3 个模型在 1983 年的预报值和 90％不确定性区间

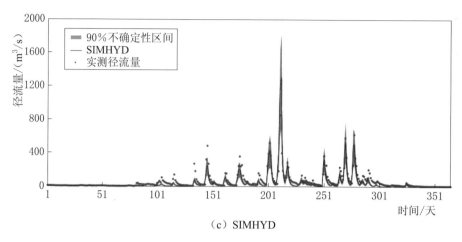

（c）SIMHYD

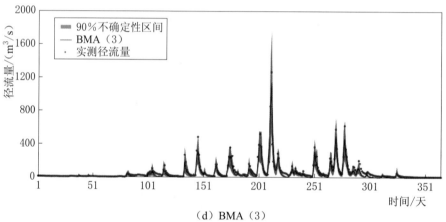

（d）BMA（3）

图 3.5（二）　BMA(3) 和组成它的 3 个模型在 1983 年
的预报值和 90％不确定性区间

看出，BMA(3) 的平均预报值对比单个模型的预报值，与实测流量更接近。图 3.6 表示的是 1987 年 BMA(3) 和组成它的 3 个模型的预报值和 90％不确定性区间。图 3.6 的结果和图 3.5 的相似。总体上，BMA(3) 的不确定性区间比组成它的单个模型的预报区间在整个流量序列上更优。

　　BMA(3) 和组成它的 3 个模型在 3 个不同流量等级的不确定性区间优良性的比较结果见表 3.3。从表 3.3 可以看出在 3 个不同流量等级，BMA(3) 的不确定性区间对比单个模型的不确定性区间，

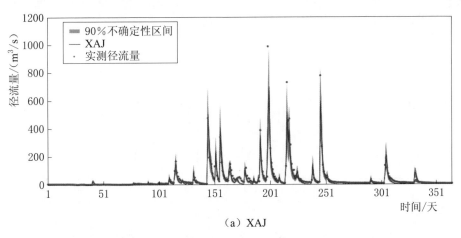

（a）XAJ

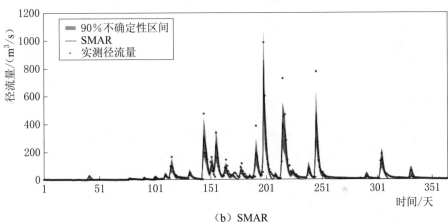

（b）SMAR

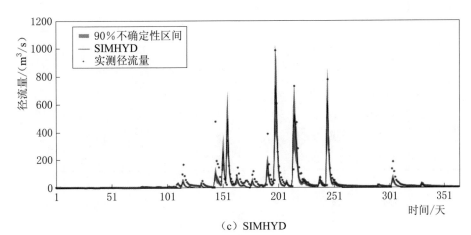

（c）SIMHYD

图 3.6（一） BMA(3) 和组成它的 3 个模型在 1987 年
的预报值和 90％不确定性区间

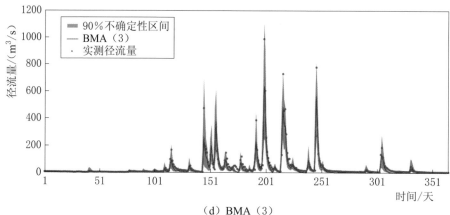

（d）BMA（3）

图 3.6（二）　BMA(3) 和组成它的 3 个模型在 1987 年
的预报值和 90％不确定性区间

覆盖率 CR 都要高，但是平均带宽 B 都要大。BMA(3) 不确定性
区间的平均偏移幅度 D 在高水和低水的时候基本上是最小的，但
是在中水的时候比单个模型中最小的平均偏移幅度 D 要略大。

表 3.3　　BMA(3) 和组成它的 3 个模型的 90％不确定性
区间在 3 个不同流量等级的统计结果

指标	模型	率　定　期			检　验　期		
		高水	中水	低水	高水	中水	低水
$CR/\%$	XAJ	79.47	30.19	10.19	78.67	30.69	10.56
	SMAR	72.85	41.64	17.56	60.00	42.59	18.04
	SIM	52.98	14.97	7.96	25.33	19.00	8.45
	BMA	88.74	45.91	27.40	85.33	46.76	28.60
$B/(\mathrm{m}^3/\mathrm{s})$	XAJ	219.50	26.51	2.72	194.86	21.66	2.92
	SMAR	211.91	29.13	4.55	173.42	24.73	4.95
	SIM	206.15	20.59	2.10	145.75	16.15	2.13
	BMA	273.17	40.34	6.39	252.88	34.97	7.19
$D/(\mathrm{m}^3/\mathrm{s})$	XAJ	62.29	18.90	6.57	61.03	15.20	6.31
	SMAR	74.46	17.65	6.66	70.79	14.45	6.57
	SIM	86.57	26.68	6.91	111.84	20.52	6.44
	BMA	59.78	18.33	6.21	65.67	14.90	5.99

注　阴影部分表示最优值。

3.4.2 BMA(9) 方案的预报值及不确定性区间结果

1. BMA(9) 和组成它的单个模型的预报值对比

图 3.7 是 BMA(9) 中单个模型的权重图。表 3.4 列出了 BMA(9) 和组成它的 9 个模型预报值在整个流量序列的精度评定结果。从表中可以看出，根据 R^2 和 $DRMS$ 的指标值，BMA(9) 的平均预报值在率定期内的模拟效果比单个模型的模拟效果要好，但是在检验期 BMA(9) 的模拟效果比模拟效果最好的单个模型略差。从 RE 这个指标来比较，BMA(9) 对比组成它的单个模型没有任何的优势。进一步来比较 BMA(9) 和组成它的 9 个模型分布在 3 个不同流量等级的模拟效果（表 3.5），从表 3.5 的 $DRMS$ 指标值可以看出，BMA(9) 的模拟效果都比模拟效果最好的单个模型略差。

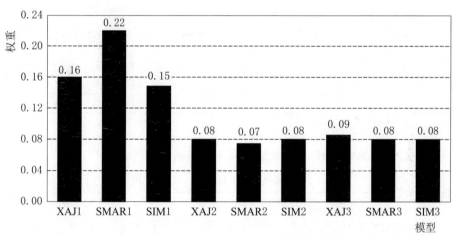

图 3.7 BMA(9) 中单个模型的权重图

表 3.4 **BMA(9) 和组成它的 9 个模型的预报值和 90%**
不确定性区间在整个流量序列的统计结果

时期	目标函数	模型	预 报 值			90%不确定性区间		
			$R^2/\%$	$DRMS$ $/(\mathrm{m}^3/\mathrm{s})$	$RE/\%$	$CR/\%$	$B/(\mathrm{m}^3/\mathrm{s})$	$D/(\mathrm{m}^3/\mathrm{s})$
率定期	OF2 ($MSEST$)	XAJ	85.45	34.89	30.24	17.89	29.43	21.46
		SMAR	84.61	35.89	6.96	31.67	36.51	19.30
		SIM	80.73	40.17	31.51	15.39	28.47	22.67

续表

时期	目标函数	模型	预报值			90％不确定性区间		
			$R^2/\%$	$DRMS$ /（m³/s）	$RE/\%$	$CR/\%$	$B/$（m³/s）	$D/$（m³/s）
率定期	OF3 （$MSESRT$）	XAJ	89.78	29.25	10.44	68.06	33.37	11.75
		SMAR	80.25	40.66	10.13	44.17	35.37	17.39
		SIM	72.42	48.05	−5.82	47.72	42.57	21.26
	OF4 （$MSELT$）	XAJ	79.99	40.93	12.39	63.94	33.92	14.75
		SMAR	58.01	59.29	−9.22	42.28	43.45	28.32
		SIM	52.71	62.92	−41.07	38.89	55.51	26.93
	BMA(9)		90.49	28.22	21.40	91.11	70.98	14.54
检验期	OF2 （$MSEST$）	XAJ	82.70	32.21	31.92	14.79	21.56	18.20
		SMAR	80.05	34.59	0.66	30.23	29.52	16.64
		SIM	69.81	42.56	39.48	20.84	24.43	22.32
	OF3 （$MSESRT$）	XAJ	88.52	26.25	4.54	68.56	26.95	9.62
		SMAR	78.26	36.11	7.48	44.56	27.59	14.53
		SIM	71.09	41.64	8.98	53.86	27.69	16.47
	OF4 （$MSELT$）	XAJ	77.25	36.94	8.74	63.07	26.68	11.85
		SMAR	43.43	58.25	−18.79	35.53	35.76	27.36
		SIM	72.27	40.79	−21.69	34.05	36.22	18.96
	BMA(9)		84.54	30.46	25.42	90.23	55.91	13.20

注　阴影部分表示最优值。

表 3.5　BMA（9）和组成它的 9 个模型的预报值在 3 个
不同流量等级的 *DRMS* 统计结果

目标函数	模型	率　定　期			检　验　期		
		高水	中水	低水	高水	中水	低水
OF2 （$MSEST$）	XAJ	92.22	32.21	9.84	98.88	26.56	9.18
	SMAR	94.54	31.28	14.97	101.48	29.43	13.78
	SIM	107.59	36.88	9.35	130.59	36.39	8.03
OF3 （$MSESRT$）	XAJ	94.05	15.34	4.45	93.84	12.06	4.47
	SMAR	129.11	22.71	7.54	127.17	18.33	7.34
	SIM	147.90	30.23	12.19	138.63	27.78	10.07
OF4 （$MSELT$）	XAJ	136.07	16.02	4.26	133.45	15.94	4.25
	SMAR	172.96	44.87	15.67	190.13	40.72	16.56
	SIM	172.03	55.75	14.74	103.21	42.87	14.45
BMA(9)		84.90	19.41	7.27	106.35	16.42	6.14

注　阴影部分表示最优值。

2. BMA(9) 和组成它的单个模型的不确定性区间对比

表 3.4 列出了 BMA(9) 和组成它的 9 个模型的不确定性区间结果。BMA(9) 不确定性区间的覆盖率在率定期为 91.11%，在检验期为 90.23%，这些明显高于单个模型的不确定性区间。而且 BMA(9) 不确定性区间的平均偏移幅度 D 比大多数单个模型的都小。但是，BMA(9) 不确定性区间的平均带宽 B 比单个模型的都大。图 3.8 表示的是 1983 年 BMA(9) 和目标函数 4 结合 SIMHYD 模型的预报值和 90% 不确定性区间比较结果。从图 3.8 中也可以得到与表 3.4 同样的结论。图 3.9 表示的是 1987 年 BMA(9) 和目标函数 4 结合 SIMHYD 模型的预报值和 90% 不确定性区间比较结果。图 3.9 的结果和图 3.8 的结果相似。

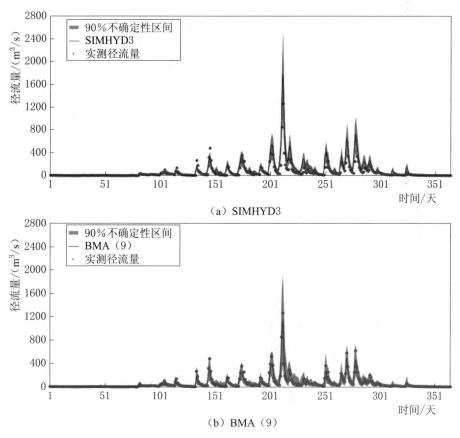

图 3.8 BMA(9) 和 SIMHYD3 在 1983 年的预报值和 90% 不确定性区间

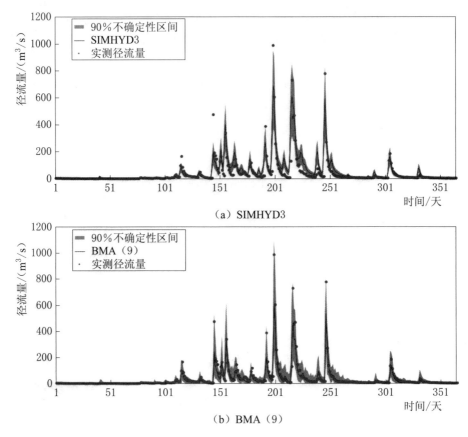

（a）SIMHYD3

（b）BMA（9）

图 3.9　BMA(9) 和 SIMHYD3 在 1987 年的预报值和 90％不确定性区间

接着，比较 BMA(9) 和组成它的 9 个模型在 3 个不同流量等级的不确定性区间优良性。表 3.6 是 BMA(9) 和组成它的 9 个模型在 3 个不同流量等级的 90％不确定性区间的 CR 统计量。由表 3.6 可知，BMA(9) 不确定性区间的 CR 值在 3 个流量等级都可以达到 90％左右，它们都明显高于单个模型不确定性区间的 CR 值。BMA 方法大大提高了单个模型不确定性区间的覆盖率。表 3.7 是 BMA(9) 和组成它的 9 个模型在 3 个不同流量等级的 90％不确定性区间的 B 统计量。由表 3.7 可知，BMA(9) 的不确定性区间的平均带宽比单个模型的都大。表 3.8 是 BMA(9) 和组成它的 9 个模型在 3 个不同流量等级的 90％不确定性区间的 D 统计量。从表 3.8 中可知，BMA(9) 不确定性区间的 D 值在 3 个流量等级都比大多数单个模型的要小。

表 3.6　BMA(9) 和组成它的 9 个模型的不确定性区间在
3 个不同流量等级的 *CR* 统计结果

目标函数	模型	率　定　期			检　验　期		
		高水	中水	低水	高水	中水	低水
OF2 (*MSEST*)	XAJ	66.23	15.09	11.94	62.67	13.36	9.21
	SMAR	78.81	39.37	16.16	72.00	39.25	15.93
	SIM	50.99	15.09	9.37	24.00	19.42	21.69
OF3 (*MSESRT*)	XAJ	70.86	73.33	62.65	58.67	78.08	61.23
	SMAR	53.64	62.64	25.29	46.67	61.38	28.79
	SIM	60.93	55.35	38.29	52.00	50.31	57.39
OF4 (*MSELT*)	XAJ	45.70	75.22	56.67	38.67	77.24	53.55
	SMAR	37.09	49.06	36.89	26.67	41.13	31.67
	SIM	76.16	52.58	19.56	76.00	44.26	18.62
BMA(9)		92.05	91.32	90.75	88.00	90.81	90.02

注　阴影部分表示最优值。

表 3.7　BMA(9) 和组成它的 9 个模型的不确定性区间在
3 个不同流量等级的 *B* 统计结果

目标函数	模型	率　定　期			检　验　期		
		高水	中水	低水	高水	中水	低水
OF2 (*MSEST*)	XAJ	226.10	19.19	4.19	189.67	14.63	3.73
	SMAR	225.26	33.60	5.85	196.21	29.13	5.88
	SIM	207.07	20.89	3.96	146.19	16.08	14.59
OF3 (*MSESRT*)	XAJ	199.06	30.35	6.88	174.27	25.68	6.90
	SMAR	192.71	38.11	5.01	154.31	31.71	5.55
	SIM	230.73	38.36	13.23	149.70	27.60	10.20
OF4 (*MSELT*)	XAJ	194.00	32.81	6.66	157.85	28.08	6.52
	SMAR	158.83	56.56	10.84	118.50	48.19	12.43
	SIM	316.31	57.74	7.33	205.45	41.39	7.11
BMA(9)		342.61	74.97	19.23	282.17	61.22	18.45

注　阴影部分表示最优值。

表 3.8　BMA(9) 和组成它的 9 个模型的不确定性区间在

3 个不同流量等级的 *D* 统计结果

目标函数	模型	率 定 期			检 验 期		
		高水	中水	低水	高水	中水	低水
OF2 (*MSEST*)	XAJ	69.88	27.38	7.38	71.43	21.93	7.11
	SMAR	73.39	21.20	7.97	70.03	18.14	7.57
	SIM	86.91	26.72	7.53	112.14	20.44	11.11
OF3 (*MSESRT*)	XAJ	66.96	10.65	3.02	63.34	8.28	3.11
	SMAR	96.78	15.10	5.50	88.97	12.91	5.29
	SIM	102.55	19.53	8.49	98.03	15.64	5.49
OF4 (*MSELT*)	XAJ	102.03	10.66	3.11	90.23	9.06	3.13
	SMAR	130.92	30.78	7.88	140.07	29.01	9.62
	SIM	112.96	31.24	7.72	66.86	23.73	7.69
BMA(9)		63.66	15.44	5.02	66.12	14.03	4.82

注　阴影部分表示最优值。

　　总体来说，对于整个流量序列，BMA(9) 的 90％不确定性区间比组成它的 9 个模型的更优。对于高水、中水、低水三个流量等级，BMA(9) 的 90％不确定性区间仍然比 9 个模型的更优。

3.4.3　BMA(3) 和 BMA(9) 的比较

　　1. 平均预报值对比

　　BMA(3) 和 BMA(9) 的平均预报值和 90％不确定性区间在整个流量序列的比较见表 3.9。由表中 R^2 和 *DRMS* 两个指标值可以看出，在率定期和检验期，BMA(3) 的平均预报值的模拟效果均比 BMA(9) 略好。但是 BMA(9) 平均预报值的 *RE* 比 BMA(3)要略小。然后比较 BMA(3) 和 BMA(9) 的平均预报值和 90％不确定性区间分别在 3 个不同流量等级的模拟效果，结果见表 3.10。由表 3.10 的 3 个预报精度指标结果可以看出，在率定期和检验期的高水部分，BMA(3) 的平均预报值的模拟效果均比 BMA(9) 好，但是 BMA(9) 的平均预报值在中水、低水部分模拟效果更胜一等。

表3.9　BMA(3) 和 BMA(9) 的平均预报值和90%
不确定性区间在整个流量序列的比较

指　标		率　定　期		检　验　期	
		BMA(3)	BMA(9)	BMA(3)	BMA(9)
预报值	$R^2/\%$	90.68	90.49	86.98	84.54
	$DRMS/(\text{m}^3/\text{s})$	27.92	28.22	27.95	30.46
	$RE/\%$	27.87	21.40	30.72	25.42
90%不确定性区间	$CR/\%$	40.72	91.11	40.65	90.23
	$B/(\text{m}^3/\text{s})$	43.76	70.98	36.71	55.91
	$D/(\text{m}^3/\text{s})$	16.06	14.54	14.13	13.20

表3.10　BMA(3) 和 BMA(9) 的平均预报值和90%
不确定性区间在3个流量等级的比较

日期	指　标		高　水		中　水		低　水	
			BMA(3)	BMA(9)	BMA(3)	BMA(9)	BMA(3)	BMA(9)
率定期	预报值	$R^2/\%$	93.01	91.74	32.28	52.76	95.83	96.39
		$DRMS/(\text{m}^3/\text{s})$	78.15	84.90	23.24	19.41	7.81	7.27
		$RE/\%$	15.48	17.44	35.66	21.51	69.29	46.73
	90%不确定性区间	$CR/\%$	88.74	92.05	45.91	91.32	27.40	90.75
		$B/(\text{m}^3/\text{s})$	273.17	342.61	40.34	74.97	6.39	19.23
		$D/(\text{m}^3/\text{s})$	59.78	63.66	18.33	15.44	6.21	5.02
检验期	预报值	$R^2/\%$	89.00	85.47	22.03	41.82	93.66	94.94
		$DRMS/(\text{m}^3/\text{s})$	92.51	106.35	19.01	16.42	6.87	6.14
		$RE/\%$	22.49	27.68	31.35	17.66	67.48	45.11
	90%不确定性区间	$CR/\%$	85.33	88.00	46.76	90.81	28.60	90.02
		$B/(\text{m}^3/\text{s})$	252.88	282.17	34.97	61.22	7.19	18.45
		$D/(\text{m}^3/\text{s})$	65.67	66.12	14.90	14.03	5.99	4.82

2. 预报区间对比

从表 3.9 中可以发现以下：①从 CR 这个指标来看，BMA(9) 不确定性区间的 CR 值在率定期和检验期都比 BMA(3) 的大；②从 B 这个指标来看，BMA(9) 不确定性区间的 B 值在率定期和检验期也都比 BMA(3) 的大；③从 D 这个指标来看，BMA(9) 不确定性区间的 D 值在率定期和检验期都比 BMA(3) 的小。

由表 3.10 可以看出：①BMA(9) 不确定性区间的 CR 值在 3 个流量等级都明显大于 BMA(3)，尤其是在中水、低水部分；②BMA(9) 不确定性区间的 B 值在 3 个流量等级也都大于 BMA(3)；③BMA(9) 不确定性区间的 D 值在高水部分比 BMA(3) 略大，但是在中水、低水部分都偏小。

3.5　本　章　小　结

本章用 BMA 方法分别对两个预报集合（3 个模型预报的集合和 9 个模型预报的集合）来进行集成预报，并对其进行不确定性分析。在预报精度和不确定性区间这两个方面，本书的比较分 3 种：①BMA(3) 和组成它的 3 个模型的比较；②BMA(9) 和组成它的 9 个模型的比较；③BMA(3) 和 BMA(9) 的比较。然后把整个流量序列分成 3 个流量等级（高水、中水、低水）进行详细的比较和分析。由 BMA 方法得到的结果总结如下：

（1）从预报精度来看，BMA(3) 和 BMA(9) 的预报精度都比组成它们的单个模型要高。对于整个流量序列，BMA(3) 和 BMA(9) 的预报精度相当。但是对于不同流量级别，BMA(9) 的预报精度在中水、低水部分要高于 BMA(3)，但是在高水部分要比 BMA(3) 低。

（2）从覆盖率 CR 这个指标来评定不确定性区间，可以发现不管是在整个流量序列还是在 3 个不同流量等级，BMA(3) 和 BMA(9) 的 CR 值都比组成它们的单个模型的明显大很多，而且 BMA(9) 的 CR 值比 BMA(3) 大。

（3）从平均带宽 B 这个指标来看，BMA(3) 和 BMA(9) 的 B

值都比组成它们的单个模型的大，而且 BMA(9) 的 B 值比 BMA(3) 大。可以看出，正如熊立华（2009）指出的，随着覆盖率的增高，带宽也在增大。

（4）从平均偏移幅度这个指标 D 来看，BMA(3) 的 D 值基本上比组成它的 3 个模型的要小，BMA(9) 的 D 值在高水部分比组成它的 9 个模型的要小。对于整个流量序列，BMA(9) 的 D 值均小于 BMA(3)。对于 3 个不同流量等级，BMA(9) 的 D 值在中水、低水部分都比 BMA(3) 小，但在高水部分要略大。

总体上，贝叶斯模型加权平均（BMA）是一个综合多个水文模型预报的统计方法，同时它也能提供预报的不确定性区间。对 BMA(3) 和 BMA(9) 的比较分析表明，BMA 方法不仅能够提高预报精度，而且能提供更可靠的预报不确定性区间。

第4章　多气候模式和多降尺度方法的降雨模拟及其不确定性分析

全球气候变化问题是各个研究领域的专家和学者关心的热点问题。政府间气候变化专门委员会（Intergovernmental Panel on Climate Change，IPCC）收集了来自世界各国数百名从事气候变化领域研究科学家的研究成果，来评估目前气候变化对生态系统和社会经济的潜在影响。其中，气候变化对水资源的影响也是评估的一个重要方面。气候的变暖将加剧水循环过程，驱动降水量、蒸发量等水文要素的变化，增强水文极值事件发生频率，改变区域水量平衡，影响区域水资源分布[4]。到目前为止，气候变化对区域径流的研究结果一般包括：径流量增大[5]、径流量减小[6]、径流量的季节性变化[7]。本章以汉中流域为例，以 1961—1990 年为基准期，集合 3 种气候模式和 3 种降尺度方法，研究其对降雨的预测及不确定性。

4.1　气　候　模　式

气候模式是描述地球气候系统及其内部各个组成部分之间复杂的相互作用的简单数学表示[137]。IPCC 报告中描述未来气候变化的气候模式包括全球气候模式和气候情景。

4.1.1　全球气候模式

气候模式的所有组成都在大气、海洋、陆地、冰雪及生物圈中有所表达，并表达其自身和相互关系[138]。然后根据能量守恒方程、质量连续方程等静力近似方程来模拟全球气候。由于气候系统的无秩序变化量值不大，而且是长期渐进的，人们可以通过气候模式对未来气候变化的定量估计来认识并完善气候系统行为[139]。20世纪 90 年代是全球气候模式发展最为迅速的时期。随着计算机技术的不断发展，全球气候模式的发展逐渐趋向成熟，尤其是基于准地转和原始方程的全球气候模式[140]。

根据复杂程度，全球气候模式可以划分成 3 类：简单气候模式、中等混合气候模式和复杂气候模式[141]。其中，复杂气候模式目前已经发展成为了高分辨率的全球气候系统模式，其中包括全球大气环流模式、全球海洋环流模式、区域大气模式、区域海洋模式、海冰模式、陆地生物圈模式等[142]。目前，国际上常用的全球气候模式包括美国哥达空间研究所模式（GISS）、美国国家大气研究中心模式（NCAR）、英国气象局模式（UKMO）、美国俄勒冈州立大学模式（OSU）、美国普林斯顿大学地球物理流体动力学实验室模式（GFDL）、加拿大气象中心模式（CCC）、美国科罗拉多州立大学模式（CSU）、英国 Hadly 气候预测与研究中心模式（HADL）、德国马普气象研究所模式（ECHAM4）、日本气候科学研究中心模式（CCSR）以及中国科学家发展的 IAP 系列气候系统模式[143-147]。

本章将选择不同大气分辨率的 3 个典型的全球气候模式，它们的基本信息见表 4.1。

表 4.1　　　　　　3 个典型全球气候模式的基本信息

模　式	国家	大气分辨率/(°)	精度范围	网格数
BCCR – BCM2.0	挪威	2.8125×2.7905	87.8638°N～87.8638°S 0°E～357.1875°E	128×64
CSIRO – MK3.0	澳大利亚	1.8750×1.8652	88.5722°N～88.5722°S 0°E～358.125°E	192×96
GFDL – CM2.0	美国	2.5×2	89°N～89°S 1.25°E～358.75°E	144×90

4.1.2　气候情景

气候情景包括对未来预测的排放情景和对过去的气候模拟情

景，它一般考虑了很多因素，包括温室气体的排放，还有人口、社会、经济、环境等人文因素[137]。其中，排放情景是指一种关于对辐射有潜在影响的物质（如温室气体、气溶胶）未来排放趋势的合理表述[148]。在 IPCC 排放情景特别报告中，最终确定并描述了未来 4 个气候情景：A1、A2、B1 和 B2。

A1 框架和情景系列描述的是一个经济快速增长、全球人口峰值出现在 21 世纪中叶随后开始减少、新的和更高效的技术迅速出现的未来世界。其基本内容是强调地区间的趋同发展、能力建设、不断增强的文化和社会的相互作用、地区间人均收入差距的持续减少。A1 情景系列划分为 3 个群组，分别描述了能源系统技术变化的不同发展方向，以技术重点来区分这 3 个 A1 情景组：化石密集（A1F1）、非化石能源（A1T）、各种能源资源均衡（A1B）。其中，A1B 均衡定义为：在假设各种能源供应和利用技术发展速度相当的条件下，不过分依赖于某一特定的能源资源。

A2 框架和情景系列描述的是一个极其非均衡发展的世界，其基本点是自给自足和地方保护主义，地区间的人口出生率很不协调，导致持续的人口增长，经济发展主要以区域经济为主，人均经济增长与技术变化越来越分离，低于其他框架的发展速度。

B1 框架和情景系列描述的是一个均衡发展的世界，与 A1 描述具有相同的人口，人口峰值出现在 21 世纪中叶，随后开始减少。不同的是，经济结构向服务和信息经济方向快速调整，材料密度降低，引入清洁、能源效率高的技术。其基本点是在不采取气候行动计划的条件下，更加公平地在全球范围实现经济、社会和环境的可持续发展。

B2 框架和情景系列描述的世界强调区域性的经济、社会和环境的可持续发展。全球人口以低于 A2 的增长率持续增长，经济发展处于中等水平，技术变化速率与 A1、B1 相比趋缓，发展方向多样。同时，该情景所描述的世界也朝着环境保护和社会公平的方向发展，但所考虑的重点仅仅局限于地方和区域一级。

这里对基准期的气候情景，选取 20C3M（即对 20 世纪气候场景的模拟）；对未来的气候情景，选取 A1B、A2 和 B1。

4.1.3 预报因子的选择

表 4.2 列出了全球气候模式中的变量（即候选预报因子）。在用统计降尺度方法进行降尺度之前，必须选择最能表征降雨的预报因子来建立预报因子和降雨的关系。选择预报因子主要用以下 4 个标准来衡量[149]：所选择的预报因子要与所预报的预报量有很强的相关性；所选择的预报因子必须能够代表大尺度气候场的重要物理过程和气候变率；所选择的预报因子必须能够被 GCM 较准确的模拟；所选择的预报因子之间应该是弱相关或无关。预报因子常用的方法有逐步回归法[150]、相关分析法[151]和主成分分析法[152,153]。

表 4.2   GCM 候 选 预 报 因 子

变量	长 名 称	标 准 名 称
hur	Relative Humidity 相对湿度	relative _ humidity
hus	Specific Humidity 比湿	specific _ humidity
huss	Surface Specific Humidity 海平面比湿	specific _ humidity
pr	Precipitation 降雨	precipitation _ flux
psl	Sea Level Pressure 海平面气压	air _ pressure _ at _ sea _ level
ta	Temperature 地表气温	air _ temperature
tas	Surface Air Temperature 海平面气温	air _ temperature
tasmax	Maximum Daily Surface Air Temperature 日最大海平面气温	air _ temperature
tasmin	Minimum Daily Surface Air Temperature 日最小海平面气温	air _ temperature
ua	Zonal Wind Component 纬向风分量	eastward _ wind
uas	Zonal Surface Wind Speed 纬向海平面风速	eastward _ wind
va	Meridional Wind Component 经向风分量	northward _ wind
vas	Meridional Surface Wind Speed 经向海平面风速	northward _ wind
wap	Omega （＝dp/dt）拉格朗日倾向气压	lagrangian _ tendency _ of _ air _ pressure
zg	Geopotential Height 位势高度	geopotential _ height

4.1.4　插值法

反距离倒数权重插值法（IDW）是一种基于相近相似原理的空间插值方法。该方法的假设为：插值点受其邻近样本点的影响大，距离越远影响越小[154]。也就是说，离插值点越近的样本点的权重就越大。权重的计算公式为

$$\lambda_i = h_i^{-p} / \sum_{j=1}^{n} h_j^{-p} \tag{4.1}$$

式中：h_i 为样本点到插值点的距离；p 和 n 分别为权重系数和插值点附近样本点的个数，这里设定权重系数为 1，附近样本点个数为 3。

采用反距离倒数权重插值法，分别将 GCM 数据和 NCEP 数据插值到研究流域的雨量站点。

4.2　降尺度方法

GCM 数据的水平分辨率一般为 $200 \sim 500 \text{km}$，可以很好地描述大气环流和全球大尺度的气候特征[155]。但是当用 GCM 数据来描述区域或者流域尺度的气候特征时，全球尺度的数据在区域尺度上就会有很大的偏差[156]。因此，需要用降尺度方法来实现全球尺度到区域尺度的转化，从而提高全球气候模式输出结果在区域尺度的可信度。降尺度方法大体上分为 3 类：简单插值法、统计降尺度方法和区域气候模式法（RCM）[157]。统计关系法的基本思想是，建立区域气候变量和全球气候模式中预报因子之间的统计线性或非线性关系，然后将统计关系应用到过去气候模拟和未来气候预测上[157]。这里，采用两种降尺度方法：自动统计降尺度模型（Automated Statistical Downscaling，ASD）和统计降尺度模型（Statistical Downscaling Model，SDSM）。SDSM 方法和其他统计降尺度方法比，模拟精度较高，且简单易行，而且该方法包含了相关分析和自回归分析两种建立统计关系的方法。因此，把 SDSM 的

相关分析方法表示为 SDSM1，把 SDSM 的自回归分析法表示为 SDSM2。

4.2.1 ASD降尺度方法

自动统计降尺度模型（ASD）是 Hessami 等开发的基于 MATLAB 环境开发的统计降尺度方法[158]。ASD 操作便捷，便于大范围推广。ASD 基于回归分析原理，其模型结构如图 4.1 所示。ASD 的日降水发生概率和日降水量的公式表示如下：

$$O_i = \alpha_0 + \sum_{j=1}^{n} \alpha_j p_{ij} \tag{4.2}$$

式中：O_i 为日降水发生概率；p_{ij} 为预报因子；α 为模型参数。

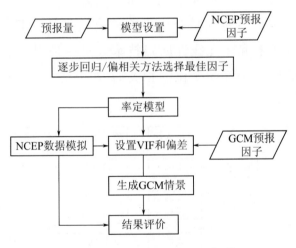

图 4.1 ASD 模型结构图[158]

$$R_0 = \beta_0 + \sum_{j=1}^{n} \beta_j p_{ij} + e_i \tag{4.3}$$

式中：R_i 为日降水量；n 为预报因子的数量；β 为模型参数；e_i 为模型误差，并假设其服从正态分布：

$$e_i = \sqrt{\frac{VIF}{12}} Z_i S_e + b \tag{4.4}$$

式中：Z_i 为服从正态分布的随机数；S_e 为模拟系列标准差；b 为模型的模拟误差；VIF 为方差放大因子。将建立的模型应用到 GCM 预报因子数据中时，b 和 VIF 计算公式如下：

$$b = M_{\text{obs}} - M_{\text{d}} \tag{4.5}$$

$$VIF = \frac{12(V_{\text{obs}} - V_{\text{d}})}{S_e^2} \tag{4.6}$$

式中：V_{obs} 和 V_{d} 分别为实测值和模拟值的方差；M_{obs} 和 M_{d} 分别为实测和模拟值的均值。

4.2.2　SDSM 降尺度方法

统计降尺度模型（SDSM）是 Wilby 等建立的一种基于 Windows 界面、研究区域和当地气候变化影响的决策支持工具[157]。该模型综合了天气发生器和多元线性回归技术，是一种混合的统计降尺度方法，并广泛应用于气候变化的相关研究中[159-163]。SDSM 模型结构如图 4.2 所示。

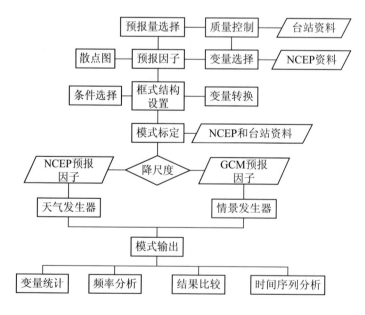

图 4.2　SDSM 模型结构图[157]

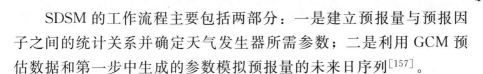

SDSM 的工作流程主要包括两部分：一是建立预报量与预报因子之间的统计关系并确定天气发生器所需参数；二是利用 GCM 预估数据和第一步中生成的参数模拟预报量的未来日序列[157]。

SDSM 的主要特点是其在对降水的模拟时，首先利用大尺度气候因子模拟降水在某天的发生概率，然后再模拟降水日的降水量[157]。具体表达式如下：

$$\omega_t = \alpha_0 + \sum_{j=1}^{n} \alpha_j \hat{u}_t^{(j)} + \alpha_{t-1}\omega_{t-1} \qquad (4.7)$$

式中：t 为时间，这里指天；ω_t 为 t 天发生降水的条件概率；$\hat{u}_t^{(j)}$ 为标准化后的预报因子；α_j 为利用最小二乘法得到的回归系数；ω_{t-1} 为 $t-1$ 天发生降水的条件概率；α_{t-1} 为 $t-1$ 天的回归系数。

为了确定 t 天是否发生降水，设定一个均匀分布的随机数 γ_t（$0 \leqslant \gamma_t \leqslant 1$），当 $\omega_t \leqslant \gamma_t$ 时，t 天将发生降水。

在降水天，降水可由分布 $z-score$ 表示：

$$Z_t = \beta_0 + \sum_{j=1}^{n} \beta_j \hat{u}_t^{(j)} + \beta_{t-1}Z_{t-1} + \varepsilon \qquad (4.8)$$

式中：Z_t 是 $z-score$ 分布在 t 天的值；β_j 为回归系数；β_{t-1} 为 $t-1$ 天的回归系数；Z_{t-1} 为 $z-score$ 分布在 $t-1$ 天的值；ε 为随机误差，其服从正态分布 $N(0,\sigma^2)$。

由上可得 t 天的降水量 y_t：

$$y_t = F^{-1}[\phi(Z_t)] \qquad (4.9)$$

式中：ϕ 为正态分布的累计分布函数；F 为 y_t 的经验分布函数。

4.3 气候模式和降尺度方法的组合预报

4.3.1 组合方式

对基准期的 20C3M 气候情景，3 种气候模式的气候输出分别利用 3 种降尺度方法（ASD、SDSM1、SDSM2）降尺度后，得到 9 组日降雨预报。其中，每一组日降雨预报是由降尺度方法随机产生的样本区间，这里样本数都设定为 1000，如图 4.3 所示。其中，降尺度方法得到的降雨不确定性区间的平均值将作为降雨的预报值。

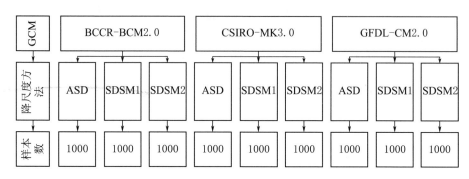

图 4.3　降尺度方法构建的降雨不确定性区间

4.3.2　研究流域

汉中流域位于汉江上游，在北纬 $32°35'\sim34°10'$ 和东经 $106°10'\sim107°30'$ 之间[164]，流域面积为 9329km²。汉中流域雨量充沛，分布集中。本章采用的实测资料是 1961—1990 年 10 个气象站点的月雨量资料。为了研究汉中流域未来的气候变化趋势，本章将选定 3 个全球气候模式（GCM）和 4 个气候情景，然后采用 3 种降尺度方法对全球尺度的降雨降尺度到流域尺度。

以汉中流域为例，分别采用逐步回归法、相关分析法来确定降雨统计降尺度的预报因子。最终选定以下 6 个预报因子：比湿 hus、海平面气压 psl、海平面气温 tas、纬向风分量 ua、经向风分量 va、位势高度 zg。然后分别准备 3 个 GCM 和 4 个气候情景下的这 6 个预报因子的日资料数据。

在进行降尺度之前，还需要美国环境预报中心（National Centers for Environmental Prediction，NCEP）的全球再分析日资料，作为观测的大尺度气候资料因子。根据预选的 GCM 预报因子，NCEP 与之对应的备选因子见表 4.3。分别下载这 7 个备选因子 1961—1990 年的日资料数据。其中，NCEP 数据的空间分辨率为 $2.5°×2.5°$，这里选取覆盖汉中流域的 $5×5$ 个网格。

表 4.3   NCEP 备选因子

编号	变量	描述
1	$mslp$	海平面气压
2	p_u	地表纬向风速
3	p_v	地表经向风速
4	$p500$	500hPa 位势高度
5	$p850$	850hPa 位势高度
6	$shum$	地表比湿
7	$temp$	地表平均气温

4.3.3 降尺度方法构建的降雨预报区间

由降尺度方法构建的平均月降雨预报区间将用箱形图来表示。箱形图（box - plot）又称为盒须图、盒式图或箱线图，是一种用作显示一组数据分散情况资料的统计图[165]。箱形图包含了从上到下 5 个数据节点：最大值、上四分位数、中位数、下四分位数、最小值。中部的"箱"的范围表示 4 分位间距 P25—P75。对 4 个气候情景，分别用箱形图来表示由降尺度方法得到的月降雨样本区间。其中，B _ A 表示的是 BCCR - BCM2.0 气候模式用 ASD 方法降尺度得到的降雨；C _ A 表示的是 CSIRO - MK3.0 气候模式用 ASD 方法降尺度得到的降雨；G _ A 表示的是 GFDL - CM2.0 气候模式用 ASD 方法降尺度得到的降雨；B _ S1 表示的是 BCCR - BCM2.0 气候模式用 SDSM1 方法降尺度得到的降雨；C _ S1 表示的是 CSIRO - MK3.0 气候模式用 SDSM1 方法降尺度得到的降雨；G _ S1 表示的是 GFDL - CM2.0 气候模式用 SDSM1 方法降尺度得到的降雨；B _ S2 表示的是 BCCR - BCM2.0 气候模式用 SDSM2 方法降尺度得到的降雨；C _ S2 表示的是 CSIRO - MK3.0 气候模式用 SDSM2 方法降尺度得到的降雨；G _ S2 表示的是 GFDL - CM2.0 气候模式用 SDSM2 方法降尺度得到的降雨。

在 20C3M 情景下，1961—1990 年 9 组平均降雨预报区间的箱形图如图 4.4 所示。从图中可以看出，9 组降雨预报区间中有 7 组都包含了实测降雨平均值，说明绝大多数气候模式和降尺度方法都能较好地模拟汉中流域的平均月降雨量。在 3 种气候模式中，BCCR - BCM2.0 气候模式的降雨中位数值，较另外两个模式更接近实测平均值。因此，BCCR - BCM2.0 气候模式对汉中流域的降雨模拟效果最好。在 3 种降尺度方法中，ASD 降尺度方法模拟的降雨平均值与实测降雨平均值更接近，说明 ASD 方法模拟效果较好。但是，ASD 方法得到的降雨"箱"最长，表明 ASD 方法得到的降雨平均值区间最大，模拟的不确定性因素较多。SDSM1 方法得到的降雨平均值区间最小，说明该方法更稳定可靠。

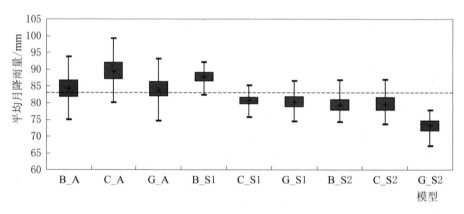

图 4.4　20C3M 情景下 1961—1990 年平均降雨预报区间箱形图

4.4　气候模式对月降雨的不确定性分析

本节选择 1961—1990 年实测和降尺度得到的月降雨资料为研究对象，其中 1961—1980 年为率定期，1981—1990 年为检验期。为了研究不同气候模式对月降雨模拟的不确定性，令 3 个 GCM（20C3M 情景下）通过固定的降尺度方法进行降尺度，将得到 3 组不同的月降雨模拟值。然后用 BMA 方法对这 3 组月降雨模拟值进行加权平均，不仅可以得到 BMA(3) 月降雨，还可以对这 3 组降雨和 BMA(3) 降雨进行不确定性分析。最后，由于 BMA 方法能计算模型内和模型间的误差，还可以计算 3 个气候模式内和模式间的误差。这里模型 B 代表 BCCR－BCM2.0 气候模式，模型 C 代表 CSIRO－MK3.0 气候模式，模型 G 代表 GFDL－CM2.0 气候模式。

4.4.1　ASD 降尺度结果分析

3 个 GCM 经过 ASD 降尺度方法降尺度后，得到 3 组月降雨模拟值。利用 BMA 方法，3 组月降雨模拟值都得到一个权重（图 4.5）。从图中可知，模式 B 的权重最大，说明 BCCR－BCM2.0 气候模式的模拟效果和其降雨不确定性区间综合最优。其次是模式 G。但是，从表 4.4 的统计结果来看，对于 ASD 降尺度方法，模式 G 的确定性系数 R^2 最大，高达 71.92%；均方差 DRMS 最小；总量相对误差最小，仅为 -0.08%。从模拟效果来看，GFDL－CM2.0 气候模式最优。从 90% 降雨区间来看，模式 C 的覆盖率 CR 最高，模式 G 的平均带宽 B 最窄、平均偏移幅度 D 最小。BMA(3) 月降雨的模拟效果比两个气候模式的模拟效果要好，但是不及模拟效果最好的 GFDL－CM2.0 气候模式。BMA(3) 的 90% 降雨不确定性区间，覆盖率 CR 比 3 个气候模式的都要大，提高到了 87.5%；带宽 B 随着覆盖率的增大也变大了；平均偏移幅度 D 仅次于模式 G。综上所述，BMA(3) 后的月降雨模拟效果没有显著的提高，但是 BMA(3) 的 90% 不确定性区间的覆盖率增大，能提供较可靠的降雨不确定性区间。

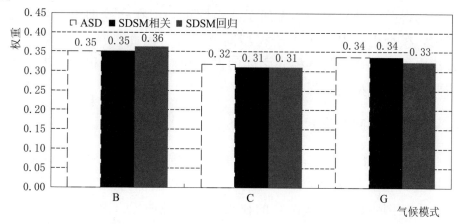

图 4.5　不同气候模式下的月降雨模拟值在 BMA 方法中的权重

表 4.4　　不同气候模式和 BMA(3) 的月模拟降雨量和

90%降雨不确定性区间统计表

降尺度方法	气候模式	降 雨 量			90%降雨不确定性区间		
		$DRMS$/mm	R^2/%	RE/%	CR/%	B/(m³/s)	D/(m³/s)
ASD	B	65.62	34.77	−0.89	81.25	180.83	49.79
	C	92.45	29.44	−16.71	83.33	171.84	62.04
	G	43.05	71.92	−0.08	81.25	129.23	36.77
BMA(3)		59.38	46.59	−2.48	87.50	180.15	46.49
SDSM1	B	43.91	70.80	−6.44	83.33	160.90	39.45
	C	48.17	64.85	−0.33	87.50	142.53	38.20
	G	33.27	83.23	1.88	87.50	132.58	29.32
BMA(3)		39.17	76.76	−0.93	91.67	151.09	35.68
SDSM2	B	41.47	73.96	3.90	91.67	148.79	35.68
	C	53.75	56.24	0.48	87.50	153.76	41.32
	G	34.81	81.65	11.64	87.50	121.62	23.91
BMA(3)		38.95	77.03	6.73	93.75	150.54	32.42

图 4.6 比较了检验期 ASD 下气候模式 C 和 BMA(3) 的月降雨及 90%不确定性区间。从图中可以看出，BMA(3) 月降雨对比模式 C，与实测降雨的拟合度更高。同时，BMA(3) 降雨区间对比模式 C，区间更优良：对较小降雨的覆盖率有所提高，并且区间的带宽减小。

最后，根据式（3.4）和式（3.5）计算气候模式的模型内和模型间的误差，结果如图 4.7 所示。由图可知，在检验期内，对较大降雨，模型内的误差远大于模型间的误差。因此，在 ASD 降尺度方法之下，这 3 个气候模式之间的误差相对来讲不是很大，误差的主要来源是模型内的误差。

4.4.2　SDSM1 降尺度结果分析

3 个 GCM 经过 SDSM1 降尺度方法降尺度后，得到 3 组月降雨模拟值。利用 BMA 方法，3 组月降雨模拟值都得到 1 个权重（图 4.5）。从图中可知，模式 B 的权重最大，说明 BCCR - BCM2.0 气候模式的模拟效果和其降雨不确定性区间综合最优。其次是模式

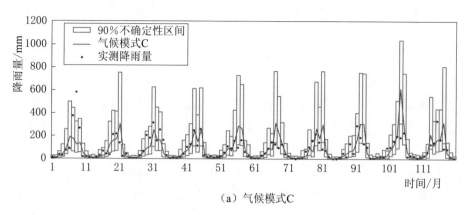

（a）气候模式C

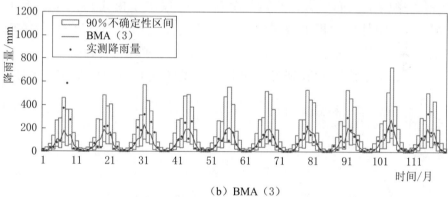

（b）BMA（3）

图4.6 检验期（1981—1990年）ASD下气候模式C和BMA(3)的
月降雨及90%不确定性区间的比较

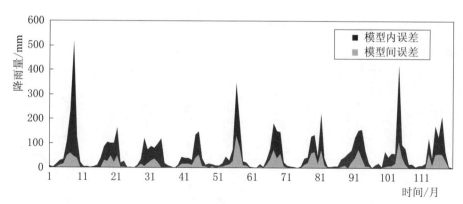

图4.7 检验期（1981—1990年）ASD下不同气候模式
的模型间和模型内误差

G。但是，从表 4.4 的统计结果来看，对于 SDSM1 降尺度方法，模式 G 的确定性系数 R^2 最大，高达 83.23%，而且均方差 DRMS 最小。模式 C 的总量相对误差最小，仅为 -0.33%。从模拟效果来看，GFDL-CM2.0 气候模式最优，BCCR-BCM2.0 气候模式次之。从 90% 降雨区间来看，模式 G 的覆盖率 CR 最高，平均带宽 B 最窄，平均偏移幅度 D 最小。SDSM1 降尺度下，BMA(3) 月降雨的模拟效果比两个气候模式的模拟效果要好，但是不及模拟效果最好的 GFDL-CM2.0 气候模式。BMA(3) 的 90% 降雨不确定性区间：覆盖率 CR 比 3 个气候模式的都要大，提高到了 91.67%；带宽 B 随着覆盖率的增大而增大；平均偏移幅度 D 仅次于模式 G。综上所述，BMA(3) 的月降雨模拟效果没有显著的提高，但是 BMA(3) 的 90% 不确定性区间的覆盖率增大，能提供较可靠的降雨预报区间。

图 4.8 比较了检验期 SDSM1 下气候模式 C 和 BMA(3) 的月降

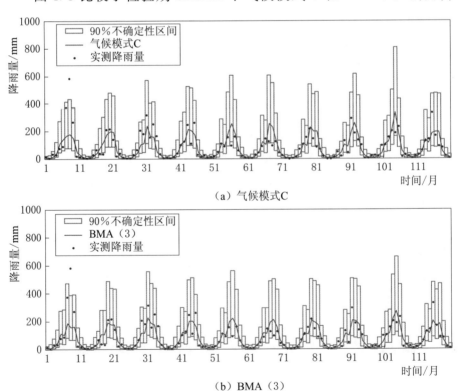

图 4.8　检验期（1981—1990 年）SDSM1 下气候模式 C 和 BMA(3) 的
月降雨及 90% 不确定性区间的比较

雨及 90％不确定性区间。从图中可以看出，在检验期，BMA(3)
月降雨对比模式 C，与实测降雨的拟合度更高。同时，BMA(3) 降
雨区间对比模式 C，区间更优良：对较小降雨的覆盖率有所提高，
并且区间的带宽减小。

　　最后，根据式（3.4）和式（3.5）计算气候模式的模型内和模
型间的误差，结果如图 4.9 所示。由图可知，在检验期，对较大降
雨，模型内的误差远大于模型间的误差。因此，与 ASD 降尺度下
的结果相似：在 SDSM1 降尺度方法之下，这 3 个气候模式之间的
误差相对来讲不是很大，误差的主要来源是模型内的误差。

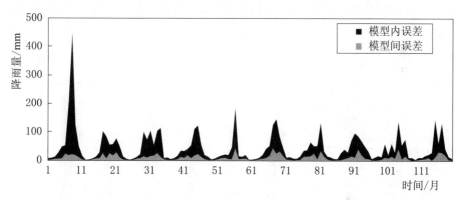

图 4.9　检验期（1981—1990 年）SDSM1 下不同气候模式
的模型间和模型内误差

4.4.3　SDSM2 降尺度结果分析

　　3 个 GCM 经过 SDSM2 降尺度方法降尺度后，得到的 3 组月降
雨模拟值的权重见图 4.5。从图中可知，模式 B 的权重最大，相比
前两种降尺度方法更大。说明 BCCR - BCM2.0 气候模式的模拟效
果和其降雨不确定性区间综合最优。权重其次的是模式 G。从表
4.4 的统计结果来看，对于 SDSM2 降尺度方法，模式 G 的确定性
系数 R^2 最大，高达 81.65％；均方差 DRMS 最小。模式 C 的总量
相对误差最小，仅为 0.48％。从模拟效果来看，GFDL - CM2.0 气
候模式最优，其次是 BCCR - BCM2.0 气候模式。从 90％降雨区间
来看，模式 B 的覆盖率 CR 最高，模式 G 的平均带宽 B 最窄、平

均偏移幅度 D 最小。BMA(3) 月降雨的模拟效果比两个气候模式的模拟效果要好，但是不及模拟效果最好的 GFDL - CM2.0 气候模式。BMA(3) 的 90% 降雨不确定性区间：覆盖率 CR 比 3 个气候模式的都要大，提高到了 93.75%；带宽 B 随着覆盖率的增大也变大了；平均偏移幅度 D 仅次于模式 G。综上所述，与前面两个降尺度方法结论一致：BMA(3) 的月降雨模拟效果没有显著的提高，但是 BMA(3) 的 90% 不确定性区间的覆盖率增大，能提供较可靠的降雨预报区间。

图 4.10 比较了检验期 SDSMZ 下气候模式 C 和 BMA(3) 的月降雨及 90% 不确定性区间。从图中可以看出，在检验期，BMA(3) 月降雨对比模式 C，与实测降雨的拟合度更高。同时，BMA(3) 降雨区间对比模式 C，区间更优良：对较小降雨的覆盖率有所提高，

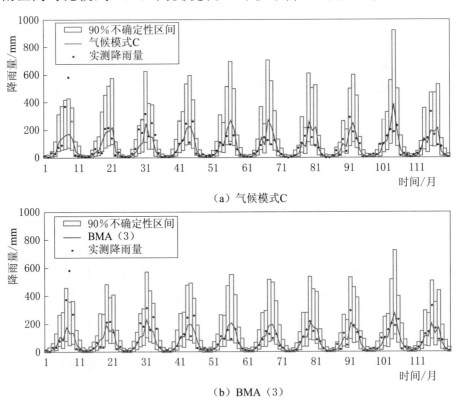

（a）气候模式C

（b）BMA（3）

图 4.10　检验期（1981—1990 年）SDSM2 下气候模式 C 和 BMA(3) 的
月降雨及 90% 不确定性区间的比较

并且区间的带宽减小。

最后，根据式（3.4）和式（3.5）计算 SDSM2 下气候模式的模型内和模型间的误差，结果如图 4.11 所示。由图可知，在检验期，对较大降雨，模型内的误差远大于模型间的误差。对比前两种降尺度方法，SDSM1 降尺度得到的模型综合误差最小，SDSM2 次之。最后同样得到一致的结论：在 SDSM2 降尺度方法之下，这 3 个气候模式之间的误差相对来讲不是很大，误差的主要来源是模型内的误差。

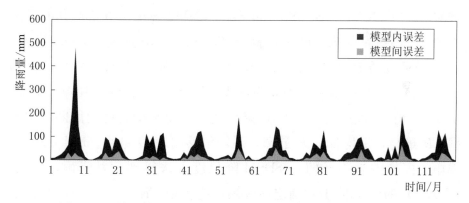

图 4.11　检验期（1981—1990 年）SDSM2 下不同气候模式
的模型间和模型内误差

4.5　降尺度方法对月降雨的不确定性分析

选择 1961—1990 年实测和降尺度得到的月降雨资料为研究对象，其中 1961—1980 年为率定期，1981—1990 年为检验期。为了研究不同降尺度方法对月降雨模拟的不确定性，令固定的 GCM 气候输出（20C3M 情景下）通过 3 种不同的降尺度方法进行降尺度，将得到 3 组不同的月降雨模拟值。然后用 BMA 方法对这 3 组月降雨模拟值进行加权平均，不仅可以得到 BMA(3) 月降雨，还可以对这 3 组降雨和 BMA(3) 降雨进行不确定性分析。最后，由于 BMA 方法能计算模型内和模型间的误差，还可以计算 3 种降尺度方法的方法内和方法间的误差。

4.5.1 BCCR - BCM2.0 模式结果分析

　　BCCR - BCM2.0 模式在 1981—1990 年的气候输出经过 3 种降尺度方法降尺度后，得到 3 组月降雨模拟值。利用 BMA 方法，3组月降雨模拟值都得到 1 个权重（图 4.12）。从图中可知，对于 BCCR - BCM2.0 模式，SDSM2（即 SDSM 回归）的权重最大，说明 SDSM2 降尺度方法得到的月降雨的模拟效果和其降雨不确定性区间综合最优；其次是 SDSM1 降尺度方法。从表 4.5 的统计结果来看，对于 BCCR - BCM2.0 模式，SDSM2 降尺度方法得到的月降雨的确定性系数 R^2 最大，高达 73.96%，均方差 $DRMS$ 最小。ASD 降尺度方法得到的月降雨的总量相对误差 RE 最小，仅为 -0.89%。从模拟效果来看，SDSM2 降尺度方法得到的月降雨最优。从 90% 降雨区间来看，SDSM2 降尺度方法得到的月降雨区间的覆盖率 CR 最高，平均带宽 B 最窄，平均偏移幅度 D 最小。BMA(3) 月降雨的模拟效果不及两种 SDSM 降尺度方法得到的月降雨。但是，BMA(3) 的 90% 降雨不确定性区间：覆盖率 CR 比 3 个气候模式的都要大，提高到了 95.83%；带宽 B 随着覆盖率的增大也变大了；平均偏移幅度 D 仅次于 SDSM2。综上所述，BMA(3) 的月降雨模拟效果没有提高，但是 BMA(3) 的 90% 不确定性区间的覆盖率增

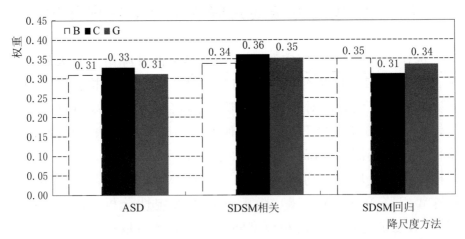

图 4.12　不同降尺度方法下的月降雨模拟值在 BMA 方法中的权重

大，能提供较可靠的降雨预报区间。

表 4.5　不同降尺度方法和 BMA(3) 的月模拟降雨量和
90％不确定性区间统计表

模型	降尺度方法	降 雨 量			90％不确定性区间		
		$DRMS$/mm	R^2/%	RE/%	CR/%	B/mm	D/mm
B	ASD	65.62	34.77	−0.89	83.33	185.19	50.22
	SDSM1	43.91	70.80	−6.44	83.33	167.00	40.66
	SDSM2	41.47	73.96	3.90	89.58	157.09	36.36
BMA(3)		46.17	67.72	0.16	95.83	175.38	40.98
C	ASD	92.45	29.44	−16.71	81.25	177.16	61.88
	SDSM1	48.17	64.85	−0.33	83.33	130.33	36.23
	SDSM2	53.75	56.24	0.48	83.33	148.18	40.24
BMA(3)		61.15	43.36	−4.36	85.42	161.71	48.10
G	ASD	43.05	71.92	−0.08	75.00	125.21	35.74
	SDSM1	33.27	83.23	1.88	87.50	132.30	29.24
	SDSM2	34.81	81.65	11.64	83.33	119.22	24.97
BMA(3)		33.21	83.30	5.39	85.42	132.75	27.78

图 4.13 比较了检验期模式 B 下 SDSM1 和 BMA(3) 的月降雨及 90％不确定性区间。从图中可以看出，在检验期，BMA(3) 月降雨对比 SDSM1 的模拟月降雨，与实测降雨的拟合度没有明显提高。但是，BMA(3) 降雨区间对比 SDSM1 的模拟月降雨，对较小降雨的覆盖率有所提高，但是区间的带宽增大。

最后，根据式（3.4）和式（3.5）计算气候模式的模型内和模型间的误差，结果如图 4.14 所示。由图可知，尤其是对较大降雨，模型内的误差远大于模型间的误差。因此，在 BCCR‐BCM2.0 模式下，3 种降尺度方法之间的误差相对来讲不是很大，误差的主要来源是降尺度方法内的误差。而且对比图 4.12，模型间的误差显著减小。

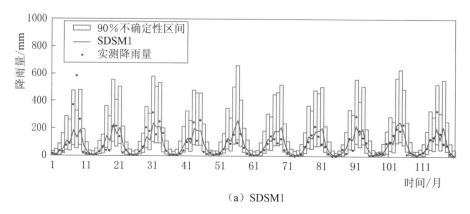

（a）SDSM1

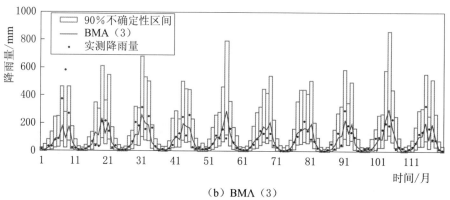

（b）BMA（3）

图 4.13　检验期（1981—1990 年）模式 B 下 SDSM1 和 BMA(3) 的
月降雨及 90％不确定性区间的比较

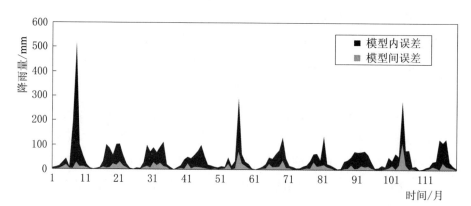

图 4.14　检验期（1981—1990 年）模式 B 下不同降尺度方法
的模型间和模型内误差

4.5.2　CSIRO‐MK3.0 模式结果分析

CSIRO‐MK3.0 模式在 1981—1990 年的气候输出经过 3 种降尺度方法降尺度后，得到 3 组月降雨模拟值。利用 BMA 方法，3 组月降雨模拟值都得到 1 个权重（图 4.12）。从图中可知，对于 CSIRO‐MK3.0 模式，SDSM1（即 SDSM 相关）的权重最大，说明 SDSM1 降尺度方法得到的月降雨的模拟效果和其降雨不确定性区间综合最优，其次是 ASD 降尺度方法。从表 4.5 的统计结果来看，对于 CSIRO‐MK3.0 模式，SDSM1 降尺度方法得到的月降雨的确定性系数 R^2 最大，高达 64.85%；均方差 $DRMS$ 最小；总量相对误差 RE 最小，仅为－0.33%。从模拟效果来看，SDSM1 降尺度方法得到的月降雨最优。从 90% 降雨区间来看，SDSM1 降尺度方法得到的月降雨区间的覆盖率 CR 最高，平均带宽 B 最窄，平均偏移幅度 D 最小。BMA(3) 月降雨的模拟效果不及两种 SDSM 降尺度方法得到的月降雨。但是，BMA(3) 的 90% 降雨不确定性区间：覆盖率 CR 比 3 个气候模式的都要大，提高到了 85.42%；带宽 B 随着覆盖率的增大也变大了；平均偏移幅度 D 不及 SDSM1 和 SDSM2。综上所述，BMA(3) 的月降雨模拟效果没有提高，但是 BMA(3) 的 90% 不确定性区间的覆盖率增大，能提供较可靠的降雨预报区间。

图 4.15 比较了检验期模式 C 下 SDSM1 和 BMA(3) 的月降雨及 90% 不确定性区间。从图中可以看出，在检验期，BMA(3) 月降雨对比 SDSM1 的模拟月降雨，与实测降雨的拟合度没有明显提高。但是，BMA(3) 月降雨区间对比 SDSM1 的模拟月降雨，对较小降雨的覆盖率有所提高，但是区间的带宽增大。

最后，根据式（3.4）和式（3.5）计算气候模式的模型内和模型间的误差，结果如图 4.16 所示。由图可知，尤其是对较大降雨，模型内的误差远大于模型间的误差。因此，在 CSIRO‐MK3.0 模式之下，得到跟 BCCR‐BCM2.0 模式一致的结论：3 种降尺度方法之间的误差相对来讲不是很大，误差的主要来源是降尺度方法内

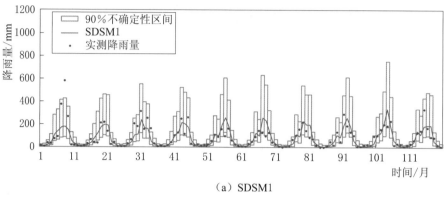

（a）SDSM1

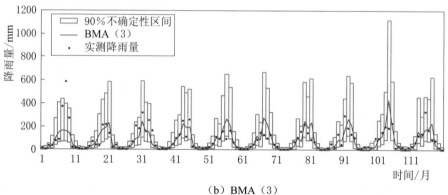

（b）BMA（3）

图 4.15　检验期（1981—1990 年）模式 C 下 SDSM1 和 BMA(3) 的
月降雨及 90％不确定区间的比较

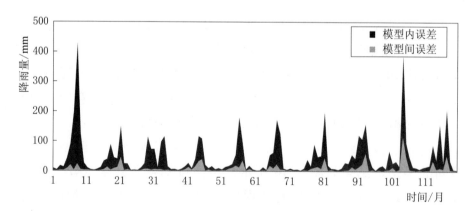

图 4.16　检验期（1981—1990 年）模式 C 下不同降尺度方法
的模型间和模型内误差

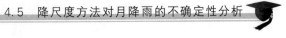

的误差。而且对比图 4.12，模型间的误差显著减小。

4.5.3　GFDL‒CM2.0 模式结果分析

GFDL‒CM2.0 模式在 1981—1990 年的气候输出经过 3 种降尺度方法降尺度后，得到 3 组月降雨模拟值。利用 BMA 方法，3 组月降雨模拟值都得到 1 个权重（图 4.12）。从图中可知，对于 GFDL‒CM2.0 模式，SDSM1（也就是 SDSM 相关）的权重最大，说明 SDSM1 降尺度方法得到的月降雨的模拟效果和其降雨不确定性区间综合最优，其次是 SDSM2 降尺度方法。从表 4.5 的统计结果来看，对于 GFDL‒CM2.0 模式，SDSM1 降尺度方法得到的月降雨的确定性系数 R^2 最大，高达 83.23%，均方差 $DRMS$ 最小。ASD 降尺度方法得到的月降雨的总量相对误差 RE 最小，仅为 -0.08%。从模拟效果来看，SDSM1 降尺度方法得到的月降雨最优。从 90% 降雨区间来看，SDSM1 降尺度方法得到的月降雨区间的覆盖率 CR 最高，SDSM2 降尺度方法得到的月降雨区间的平均带宽 B 最窄，平均偏移幅度 D 最小。BMA(3) 月降雨的模拟效果比所有降尺度方法得到的月降雨都好，确定性系数提高至 83.30%。但是，BMA(3) 的 90% 降雨不确定性区间：覆盖率 CR 不及 SDSM1，平均偏移幅度 D 仅次于 SDSM2。综上所述，BMA(3) 的月降雨模拟效果略有提高，但是 BMA(3) 的 90% 不确定性区间的覆盖率没有提高。

图 4.17 比较了检验期模式 G 下 SDSM1 和 BMA(3) 的月降雨及 90% 不确定性区间。从图中可以看出，在检验期，BMA(3) 月降雨对比 SDSM1 的模拟月降雨，与实测降雨的拟合度略有提高。但是，BMA(3) 降雨区间对比 SDSM1 的模拟月降雨，没有明显提高，而且区间的带宽增大。

最后，根据式（3.4）和式（3.5）计算气候模式的模型内和模型间的误差，结果如图 4.18 所示，得到与前两种气候模式一致的结果：尤其是对较大降雨，模型内的误差远大于模型间的误差。因此，在 GFDL‒CM2.0 模式之下，3 种降尺度方法之间的误差相对

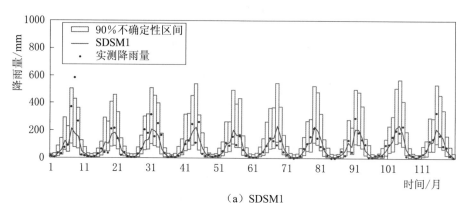

（a）SDSM1

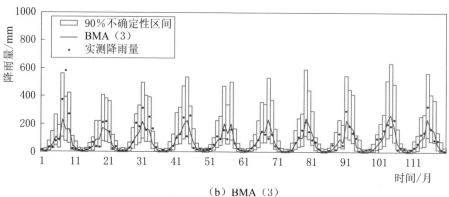

（b）BMA（3）

图 4.17　检验期（1981—1990 年）模式 G 下 SDSM1 和 BMA(3) 的
月降雨及 90％不确定性区间的比较

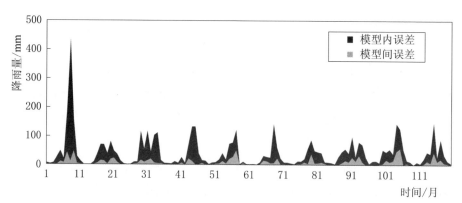

图 4.18　检验期（1981—1990 年）模式 G 下不同降尺度方法
的模型间和模型内误差

来讲不是很大，误差的主要来源是降尺度方法内的误差。而且对比图 4.12，模型间的误差显著减小。

4.6 本 章 小 结

本章研究了 3 个全球气候模式（BCCR－BCM2.0、CSIRO－MK3.0 和 GFDL－CM2.0）在 20C3M 气候场景下的气候输出，在 3 种降尺度方法（ASD、SDSM1 和 SDSM2）的降尺度处理后，得到汉中流域的 9 组月降雨预报。然后利用 BMA 方法，分别研究了不同气候模式对月降雨的不确定性，以及不同降尺度方法对降雨的不确定性。最后研究表明，从月降雨的模拟效果来看，在 3 个气候模式中，GFDL－CM2.0 气候模式的模拟效果最优。对同一种降尺度方法，经过 BMA 方法对 3 种气候模式的降雨结果进行加权平均，BMA(3) 月降雨的模拟效果不比 GFDL－CM2.0 气候模式好，但是 BMA(3) 降雨的 90% 不确定性区间特性比单个模型的要好。从月降雨的模拟效果来看，在 3 种降尺度方法中，SDSM 的相关分析方法得到的月降雨模拟效果最优。对同一种气候模式，经过 BMA 方法对 3 种降尺度方法的降雨结果进行加权平均，BMA(3) 月降雨的模拟效果不比 SDSM 的相关分析方法得到的月降雨的效果好，但是 BMA(3) 降雨的 90% 不确定性区间特性比单种降尺度方法得到的不确定性区间好。

第 5 章　基于 BMA 的气候预测和水文模型对径流模拟的综合不确定性分析

　　气候变化情景下的水文不确定性包括考虑气候模式影响的输入不确定性和水文模型预报中的不确定性。其中，气候输入的不确定性，主要包括以下 3 个方面的不确定性：气候模式的不完善、气候情景的不确定性和降尺度方法的不确定性。在水文模型预报方面，不确定性主要来源于水文模型的结构和参数，以及由气候预测得到的输入数据。为了综合估计气候输入和水文模型对径流的不确定性，本章将基于 BMA 方法提出两种方案来计算 BMA 综合的径流和其不确定性区间。

　　第一种 BMA 方案：首先将 3 个 GCM 和 3 种降尺度方法组合，然后将组合得到的 9 组降雨预报分别作为新安江模型的气候输入，最后得到的 9 组径流预报用 BMA 方法进行加权平均。由于第一种方案只用到一次 BMA 方法，这里称为单层 BMA。第二种 BMA 方案：首先将 3 个 GCM 和 3 种降尺度方法组合得到的 9 组降雨预报用 BMA 方法进行加权平均，得到 BMA（9）综合降雨；然后，将 BMA（9）的综合降雨作为水文模型的气候输入，分别用新安江模型、SMAR 模型和 SIMHYD 模型进行径流模拟，得到 3 组模型的径流模拟值；最后，再次利用 BMA 方法对 3 组径流值进行加权平均，得到 BMA（3）综合径流。由于第二种方案用到了两次 BMA 方法，这里称为双层 BMA。

　　两种 BMA 方案的差别在于：①单层 BMA 只用到一个水文模型，而双层 BMA 用到了多个水文模型，从径流模拟的角度，用到多个水文模型可以有效弥补模型之间的缺陷，取长补短，相对于单个水文模型具有更广泛的适用性；②单层 BMA 只对径流进行了模型综合，而双层 BMA 第一层对多个气候模式的降雨进行综合，第二层对多个水文模型的径流进行综合。由于经过 BMA 综合可以提供较单个模型可靠的模拟结果和不确定性区间，经过双层 BMA 综合后，无疑能将降雨和径流的不确定性都考虑在内，提供更可靠的径流模拟结果和径流不确定性区间。

最后，将两种方案得到的综合径流与实测径流进行比较，选择最优的方案用于未来气候情景对径流的预测。

5.1 单 层 BMA

5.1.1 单层 BMA 计算原理

单层 BMA 方法的基本原理简单介绍如下。

假设 Q 为综合预报径流，Q_{obs} 为实测径流，$Q_{\text{sim}} = [Q_{S1}, Q_{S2}, \cdots, Q_{SK}]$ 为 K 组降雨得到的 K 组模拟径流集合。单层 BMA 的概率预报表示如下：

$$p(Q \mid Q_{\text{obs}}) = \sum_{k=1}^{K} p(Q_{Sk} \mid Q_{\text{obs}}) \cdot p_k(Q \mid Q_{Sk}, Q_{\text{obs}}) \quad (5.1)$$

式中：$p(Q_{Sk} \mid Q_{\text{obs}})$ 为在给定实测数据 Q_{obs} 下，第 k 个模拟径流 Q_{Sk} 的后验概率，也就是单层 BMA 中第 k 个模拟径流 Q_{Sk} 的权重 w_k，所有的权重之和为 1；$p_k(Q \mid Q_{Sk}, Q_{\text{obs}})$ 为在给定第 k 个模拟径流 Q_{Sk} 和实测数据 Q_{obs} 的条件下综合预报径流 Q 的条件概率。

单层 BMA 的综合预报径流是单个模拟径流的加权平均结果。综合预报径流的期望值的公式如下：

$$E(Q \mid Q_{\text{sim}}, Q_{\text{obs}}) = E\left[\sum_{k=1}^{K} p(Q_{Sk} \mid Q_{\text{obs}}) \cdot p_k(Q \mid Q_{Sk}, Q_{\text{obs}}) \right]$$

$$= \sum_{k=1}^{K} w_k \cdot E[p_k(Q \mid Q_{Sk}, Q_{obs})] \qquad (5.2)$$

5.1.2　单层 BMA 不确定性

当条件概率 $p_k(Q \mid Q_{Sk}, Q_{obs})$ 服从均值为 Q_{Sk}、方差为 $\sigma_{1,k}^2$ 的正态分布时，单层 BMA 的综合预报径流方差公式可推导出来如下公式：

$$
\begin{aligned}
\mathrm{Var}(Q \mid Q_{sim}, Q_{obs}) &= \sum_{k=1}^{K} p(Q_{Sk} \mid Q_{obs}) \cdot \mathrm{Var}[Q \mid Q_{obs}, Q_{Sk}] \\
&\quad + \sum_{k=1}^{K} p(Q_{Sk} \mid Q_{obs}) \cdot \sigma_{1,k}^2 \\
&= \sum_{k=1}^{K} w_k \Big(Q_{Sk} - \sum_{i=1}^{K} w_i Q_{Si}\Big)^2 + \sum_{k=1}^{K} w_k \sigma_{1,k}^2
\end{aligned}
$$

$$(5.3)$$

$$\text{模型间误差} = \sqrt{\sum_{k=1}^{K} w_k \Big(Q_{Sk} - \sum_{i=1}^{K} w_i Q_{Si}\Big)^2} \qquad (5.4)$$

$$\text{模型内误差} = \sqrt{\sum_{k=1}^{K} w_k \sigma_{1,k}^2} \qquad (5.5)$$

这里，模型间误差反映了 K 组气候预测降雨之间的气候预测不确定性，代入水文模型后经过水文模型放大的 K 组径流之间的不确定性。而模型内误差，主要反映地是 K 组径流内的不确定性，包括水文模型的不确定性和降雨的不确定性。

5.1.3　气候预测与水文模型的组合

在单层 BMA 中，首先将 3 个 GCM 和 3 种降尺度方法组合，然后将组合得到的 9 组降雨预报分别作为新安江模型的气候输入，得到模拟的 9 组径流预报用于 BMA 方法进行加权平均，其气候预测与水文模型的组合示意图如图 5.1 所示。

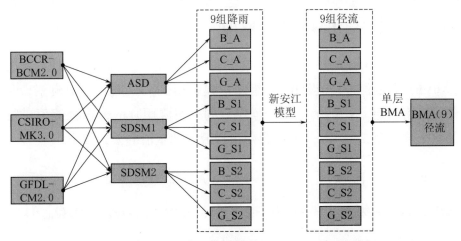

图 5.1 单层 BMA 中气候预测与水文模型的组合示意图

5.2 双 层 BMA

在双层 BMA 中，第一层的 BMA 方法用于降雨，第二层的 BMA 方法用于径流。它们的计算原理介绍如下。

5.2.1 第一层 BMA 计算原理

假设 R 为综合预报降雨，R_{obs} 为实测降雨，$R_{\text{sim}} = (R_{S1}, R_{S2}, \cdots, R_{SK})$ 为 K 组降雨集合。第一层 BMA 综合降雨的概率预报表示如下：

$$p(R \mid R_{\text{obs}}) = \sum_{k=1}^{K} p(R_{Sk} \mid R_{\text{obs}}) \cdot p_k(R \mid R_{Sk}, R_{\text{obs}}) \quad (5.6)$$

式中：$p(R_{Sk} \mid R_{\text{obs}})$ 为在给定实测降雨数据 R_{obs} 下，第 k 个模拟降雨 R_{Sk} 的后验概率，也就是第一层 BMA 中第 k 个模拟降雨 R_{Sk} 的权重 w_k，所有的权重之和为 1；$p_k(R \mid R_{Sk}, R_{\text{obs}})$ 为在给定第 k 个模拟降雨 R_{Sk} 和实测降雨数据 R_{obs} 的条件下综合预报降雨 R 的条件概率。

第一层 BMA 综合预报降雨的期望值的公式如下：

$$
\begin{aligned}
E(R \mid R_{\text{sim}}, R_{\text{obs}}) &= E\Big[\sum_{k=1}^{K} p(R_{Sk} \mid R_{\text{obs}}) \cdot p_k(R \mid R_{Sk}, R_{\text{obs}})\Big] \\
&= \sum_{k=1}^{K} w_k \cdot E\big[p_k(R \mid R_{Sk}, R_{\text{obs}})\big]
\end{aligned}
\quad (5.7)
$$

5.2.2 第二层 BMA 计算原理

第二层 BMA 的计算原理跟单层 BMA 原理相似，不同的是：单层 BMA 的 K 组预报径流是由 K 组降雨模拟得到，只用到一个模型；而这里的第二层 BMA 是对 K 个模型（同一组降雨）的模拟径流值进行加权平均。第二层 BMA 的综合预报径流的期望值的公式如下：

$$E(Q \mid Q_{\text{sim}}, Q_{\text{obs}}) = \sum_{k=1}^{K} w_k \cdot E\big[p_k(Q \mid Q_{\text{m}k}, Q_{\text{obs}})\big] \quad (5.8)$$

式中：$Q_{\text{m}k}$ 为第 k 个模型的模拟值；$Q_{\text{sim}} = (Q_{\text{m}1}, Q_{\text{m}2}, \cdots, Q_{\text{m}k})$。

5.2.3 气候预测与水文模型的组合

在双层 BMA 中，首先将 3 个 GCM 和 3 种降尺度方法组合得到的 9 组降雨预报用第一层 BMA 方法进行加权平均，得到第一层 BMA（9）综合降雨。然后，将 BMA（9）的综合降雨作为水文模型的气候输入，分别用新安江模型、SMAR 模型和 SIMHYD 模型进行径流模拟，得到 3 组模型的径流模拟值。最后，利用第二层 BMA 方法对 3 组径流值进行加权平均，得到第二层 BMA（3）综合径流，该气候预测与水文模型的组合示意图如图 5.2 所示。

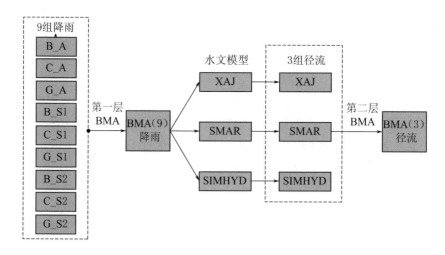

图 5.2 双层 BMA 中气候预测与水文模型的组合示意图

5.3 双层 BMA 中的不确定性区分

对于第一层 BMA 方法，当条件概率 $p_k(R \mid R_{Sk}, R_{obs})$ 服从均值为 R_{Sk}、方差为 $\sigma_{2,k}^2$ 的正态分布时，第一层 BMA 的综合预报降雨方差公式可推导出来如下公式：

$$\begin{aligned}
\mathrm{Var}(R \mid R_{\mathrm{sim}}, R_{\mathrm{obs}}) &= \sum_{k=1}^{K} p(R_{Sk} \mid R_{\mathrm{obs}}) \cdot \mathrm{Var}(R \mid R_{\mathrm{obs}}, R_{Sk}) \\
&\quad + \sum_{k=1}^{K} p(R_{Sk} \mid R_{\mathrm{obs}}) \cdot \sigma_{2,k}^2 \\
&= \sum_{k=1}^{K} w_k (R_{Sk} - \sum_{i=1}^{K} w_i R_{Si})^2 + \sum_{k=1}^{K} w_k \sigma_{2,k}^2
\end{aligned}$$

$$(5.9)$$

式(5.9) 包含了综合降雨的两项误差，即模型间误差和模型内误差，公式如下：

$$\text{BMA(9)降雨模型间误差} = \sqrt{\sum_{k=1}^{K} w_k (R_{Sk} - \sum_{i=1}^{K} w_i R_{Si})^2}$$

$$(5.10)$$

$$\text{BMA(9)降雨模型内误差} = \sqrt{\sum_{k=1}^{K} w_k \sigma_{2,k}^2} \qquad (5.11)$$

这里的模型间误差反映的是生成降雨的多个气候模式和多个降尺度方法之间的平均不确定性，反映的是它们之间的差别。而模型内误差反映的是几组气候模式和降尺度方法组合方式内的平均不确定性。

对于第二层 BMA 方法，模型内和模型间的误差公式和单层 BMA 方法的相似。当条件概率 $p_k(Q \mid Q_{mk}, Q_{obs})$ 服从均值为 Q_{mk}、方差为 $\sigma_{3,k}^2$ 的正态分布时，误差公式表示如下：

$$\text{BMA(3)径流模型间误差} = \sqrt{\sum_{k=1}^{K} w_k (Q_{mk} - \sum_{i=1}^{K} w_i Q_{mi})^2}$$

$$(5.12)$$

$$\text{BMA(3)径流模型内误差} = \sqrt{\sum_{k=1}^{K} w_k \sigma_{3,k}^2} \tag{5.13}$$

式（5.12）反映的是水文模型间差异的平均不确定性；而式（5.13）反映的是水文模型内的平均不确定性，包括水文模型的不确定性和第一层 BMA 方法得到的 BMA（9）综合降雨的不确定性。

如果将实测降雨数据代入 3 个水文模型中，然后用第二层 BMA 方法进行综合。假设条件概率 $p_k(Q \mid Q_{mk}, Q_{obs})$ 服从均值为 Q_{mk}、方差为 σ_k^2 的正态分布，那么其模型内的误差公式如下：

$$\text{水文模型内误差} = \sqrt{\sum_{k=1}^{K} w_k \sigma_k^2} \tag{5.14}$$

式（5.14）反映的只是水文模型内的平均不确定性。因此，综合式（5.10）、式（5.11）、式（5.13）和式（5.14），可以大概区分出：水文模型内不确定性区间可以通过式（5.14）计算；降雨的综合不确定性区间可由式（5.14）与式（5.13）之差表示。然后，降雨不确定性区间中，气候模式和降尺度方法组合的模型内和模型外的不确定性的比例也可以由式（5.10）和式（5.11）区分开。

5.4　实　例　分　析

以汉中流域为例，汉中的实测径流资料只有 1981—1990 年 10 年，因此本章以 1981—1990 年为研究期，分别对 10 年间的日资料和月资料进行计算。

5.4.1　输入数据

两种 BMA 方案结合了气候模式和水文模型，因此需要的数据包括：气候模式得到的模拟降雨数据、实测降雨和蒸发数据、实测径流数据。蒸发数据对水文模型的径流模拟影响不大，因此这里只考虑气候模式得到的模拟降雨数据的不确定性，蒸发数据采用实测数据。对于实测资料，这里采用的是汉中流域 1981—1990 年的降雨、蒸发和径流的日资料和月资料。其中，率定期为 1981—1986年，检验期为 1987—1990 年。

在两种 BMA 方案中，实测降雨资料只用作降雨模拟精度的评定，而输入的降雨数据来自于在 20C3M 气候场景下的 3 个全球气候模式（BCCR‐BCM2.0、CSIRO‐MK3.0 和 GFDL‐CM2.0）经过 3 种降尺度方法（ASD、SDSM1 和 SDSM2）降尺度后得到的1981—1990 年的 9 组模拟降雨（日降雨见图 5.3，月降雨见图 5.4）。9 组模拟日降雨和月降雨的精度指标统计结果在 5.4.4.1

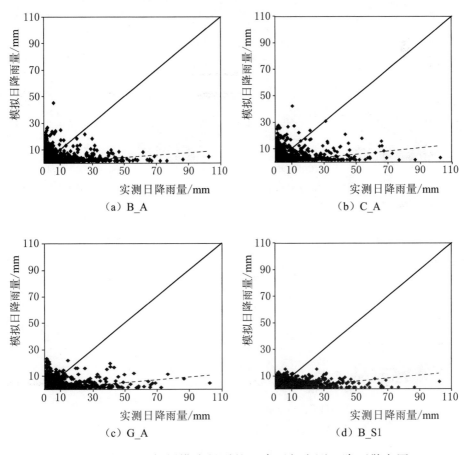

图 5.3（一）　气候模式得到的日降雨与实测日降雨散点图

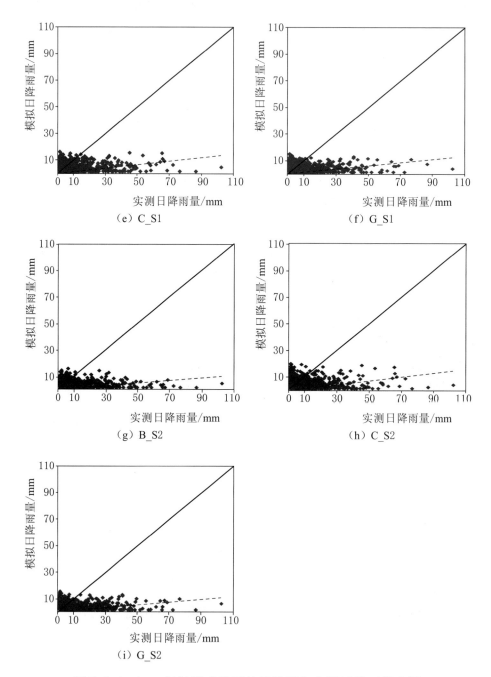

图 5.3（二）　气候模式得到的日降雨与实测日降雨散点图

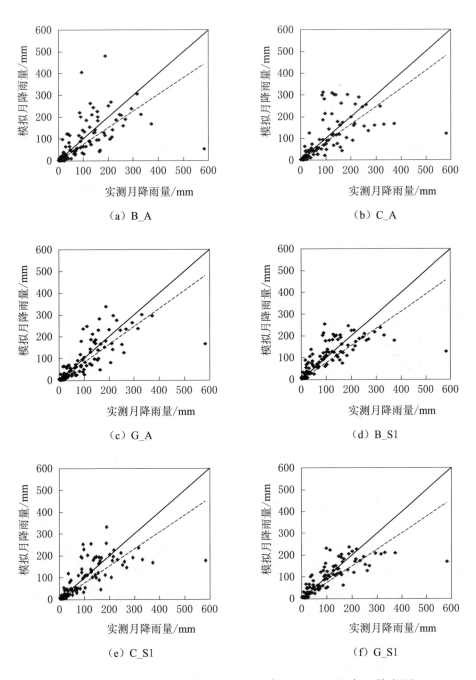

图 5.4（一）　气候模式得到的月降雨与实测月降雨散点图

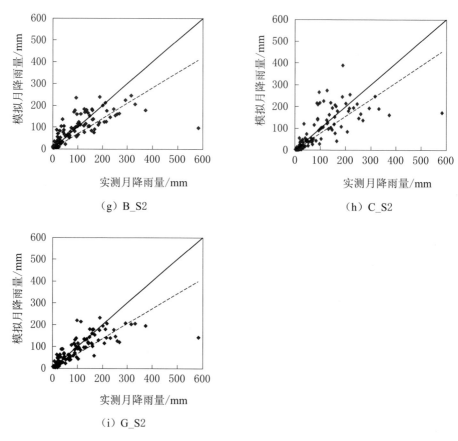

图 5.4（二）　气候模式得到的月降雨与实测月降雨散点图

节中有具体的讨论。其中，B_A 表示的是 BCCR-BCM2.0 气候模式用 ASD 方法降尺度得到的降雨；C_A 表示的是 CSIRO-MK3.0 气候模式用 ASD 方法降尺度得到的降雨；G_A 表示的是 GFDL-CM2.0 气候模式用 ASD 方法降尺度得到的降雨；B_S1 表示的是 BCCR-BCM2.0 气候模式用 SDSM1 方法降尺度得到的降雨；C_S1 表示的是 CSIRO-MK3.0 气候模式用 SDSM1 方法降尺度得到的降雨；G_S1 表示的是 GFDL-CM2.0 气候模式用 SDSM1 方法降尺度得到的降雨；B_S2 表示的是 BCCR-BCM2.0 气候模式用 SDSM2 方法降尺度得到的降雨；C_S2 表示的是 CSIRO-MK3.0 气候模式用 SDSM2 方法降尺度得到的降雨；

G_S2表示的是 GFDL−CM2.0 气候模式用 SDSM2 方法降尺度得到的降雨。

由图 5.3 可知，在 20C3M 情景下，1981—1990 年的模拟日降雨精度不高，与实测日降雨差别较大。由图 5.4 可知，在 20C3M 情景下，1981—1990 年的模拟月降雨基本上能较好地模拟实测月降雨。其中，在 3 种气候模式中，BCCR−BCM2.0 气候模式和 GFDL−CM2.0 气候模式的模拟效果较好，两种模式的散点与实测降雨值更加紧密。在 3 种降尺度方法中，ASD 降尺度方法模拟的降雨值与实测降雨值更接近，说明 ASD 方法对 20C3M 情景的月降雨模拟效果相对 SDSM 方法较好。

5.4.2 基于实测降雨的多水文模型的综合不确定性分析

为了检测水文模型对汉中流域日资料和月资料的模拟效果，首先用新安江模型、SMAR 模型和 SIMHYD 模型分别对实测日资料和月资料进行率定，得到 3 组径流的模拟值。然后采用 BMA（3）方法，对 3 组径流进行加权平均，得到 BMA（3）综合的日径流和月径流。最后，对 3 个模型和 BMA 方法得到的径流预报和预报区间进行精度比较。

5.4.2.1 BMA（3）与 3 个模型的径流

BMA（3）方法用于日径流，组成它的单个模型的权重见图 5.5。由图可知，模拟精度最高的新安江模型在 3 个模型中的权重最大，说明 BMA（3）方法中的权重在一定程度上可以反映单个模型的模拟效果，模拟效果好的权重响应要大；其次是 SMAR 模型；SIMHYD 模型对日径流的模拟效果远远不如新安江和 SMAR。

BMA（3）方法用于月径流，组成它的单个模型的权重见图 5.6。由图可知，模拟精度最高的新安江模型在 3 个模型中的权重最大，说明 BMA（3）方法中的权重在一定程度上可以反映单个模型的模拟效果，模拟效果好的权重响应要大。但是模拟精度最低的 SMAR 模型的权重却不是最小的，可见 BMA（3）方法中单个模型的权重不一定跟模拟效果成正比，跟单个模型的不确定性区间特性也有关系，BMA（3）权重综合了模拟精度和不确定性区间最优。

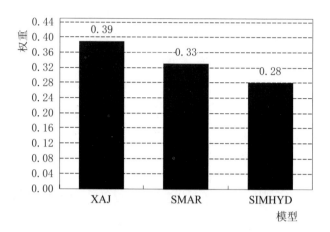

图 5.5　BMA（3）日径流中各个模型的权重

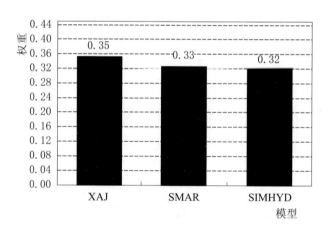

图 5.6　BMA（3）月径流中各个模型的权重

表 5.1 列出了 BMA（3）的日径流模拟值和组成它的 3 个模型的日径流模拟值在率定期和检验期的精度评定结果。从表 5.1 可以看出，BMA（3）的日径流的确定性系数 R^2 在率定期可以达到93.27%，比模拟效果最好的单个模型模拟值（新安江模型）略小。BMA（3）的确定性系数 R^2 在检验期可以达到 86.69%。相应地，

BMA（3）的日径流的 $DRMS$ 值也比大部分单一模型的要小。BMA（3）的日径流的总量相对误差 RE 对比单个模型没有明显优势。

表 5.1　　　　3 个模型和 BMA（3）的模拟日径流统计表

模　　型	率　定　期			检　验　期		
	$DRMS/(\mathrm{m}^3/\mathrm{s})$	$RE/\%$	$R^2/\%$	$DRMS/(\mathrm{m}^3/\mathrm{s})$	$RE/\%$	$R^2/\%$
XAJ	102.53	1.14	94.44	101.84	-7.37	88.17
SMAR	118.85	22.82	92.53	121.28	12.89	83.22
SIMHYD	192.09	26.13	80.50	175.81	22.61	64.75
BMA（3）	112.80	22.00	93.27	108.05	14.91	86.69

表 5.2 列出了 BMA（3）的月径流模拟值和组成它的 3 个模型的月径流模拟值在率定期和检验期的精度评定结果。从表 5.1 可以看出，BMA（3）的月径流的确定性系数 R^2 在率定期可以达到 92.92％，比模拟效果最好的单个模型模拟值（新安江模型）都大。BMA（3）的确定性系数 R^2 在检验期可以达到 86.84％。相应地，BMA（3）的月径流的 $DRMS$ 值也比大部分单一模型的要小。BMA（3）的月径流的总量相对误差 RE 也比大部分单一模型的要小。这进一步说明了通过 BMA 方法加权平均后的模拟月径流比单一模型的模拟效果好。总体上，BMA（3）的月径流对比单个模型的月径流，模拟精度更高。

表 5.2　　　　3 个模型和 BMA（3）的模拟月径流统计表

模　　型	率　定　期			检　验　期		
	$DRMS/(\mathrm{m}^3/\mathrm{s})$	$RE/\%$	$R^2/\%$	$DRMS/(\mathrm{m}^3/\mathrm{s})$	$RE/\%$	$R^2/\%$
XAJ	67.41	-1.16	92.71	50.23	-16.15	87.30
SMAR	88.32	-4.32	87.49	75.04	-19.84	71.65
SIMHYD	68.80	6.81	92.41	49.85	2.13	87.49
BMA（3）	68.43	2.37	92.92	51.12	-9.23	86.84

5.4.2.2　BMA（3）与3个模型的90%不确定性区间

BMA（3）和组成它的单个模型在率定期和检验期的日径流的90%不确定性区间的统计结果见表5.3，月径流的90%不确定性区间见表5.4。由表5.3可知，虽然在率定期 BMA（3）的日径流区间，从3个指标上看对比单个模型的预报区间没有明显优势。但是在检验期，BMA（3）的日径流区间的覆盖率 CR 比单个模型的都高。由表5.4可知，不论是在率定期还是在检验期，BMA（3）的月径流区间对实测值的覆盖率 CR 比单个模型都明显要高，而且它的平均带宽 B 相较最大带宽有所变窄。但是，BMA（3）的月径流区间的平均偏移幅度 D 比大多数的单个模型都大。也就是说，从 CR 和 B 这两个指标看，BMA（3）的月径流区间比单个模型的优良。

表5.3　3个模型和 BMA（3）的模拟日径流区间统计表

模　型	率　定　期			检　验　期		
	$CR/\%$	$B/(\mathrm{m^3/s})$	$D/(\mathrm{m^3/s})$	$CR/\%$	$B/(\mathrm{m^3/s})$	$D/(\mathrm{m^3/s})$
XAJ	90.46	217.69	52.83	86.51	224.88	62.97
SMAR	20.55	740.91	147.35	24.04	816.29	158.32
SIMHYD	52.28	640.42	139.58	56.51	575.67	144.73
BMA（3）	83.29	346.52	86.77	89.75	456.46	116.78

表5.4　3个模型和 BMA（3）的模拟月径流区间统计表

模　型	率　定　期			检　验　期		
	$CR/\%$	$B/(\mathrm{m^3/s})$	$D/(\mathrm{m^3/s})$	$CR/\%$	$B/(\mathrm{m^3/s})$	$D/(\mathrm{m^3/s})$
XAJ	87.50	206.93	48.08	87.50	222.68	61.12
SMAR	83.33	504.92	139.64	89.58	464.73	85.22
SIMHYD	75.00	540.72	150.08	79.17	545.77	166.60
BMA（3）	94.44	493.61	144.53	93.75	431.78	102.64

然后，选择 SIMHYD 模型和 BMA（3）在检验期的90%不确

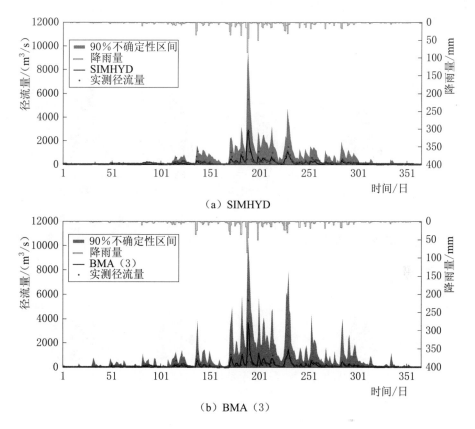

图 5.7 检验期（1990 年）SIMHYD 模型和 BMA（3）的
日径流的 90％不确定性区间

定性区间作比较，日径流在 1990 年的 90％不确定性区间如图 5.7
所示，月径流在整个检验期的 90％不确定性区间如图 5.8 所示。其
中，实测流量用小圆点表示，BMA（3）的综合径流和组成它的
3 个模型的径流都用实线表示，径流的 90％不确定性区间用阴影部
分表示。图 5.7 的结果和表 5.3 的一致。图 5.7 中，BMA（3）日
径流的 90％不确定性区间的覆盖率 CR 对比 SIMHYD 模型在低流
量部分更高。图 5.8 的结果和表 5.4 的一致。此外，从图 5.8 还可
以看出，BMA（3）的 90％不确定性区间对比 SIMHYD 模型的月
径流，与实测月径流更接近。总体上，BMA（3）月径流的 90％预
报区间比组成它的单个模型的预报区间在检验期更优。

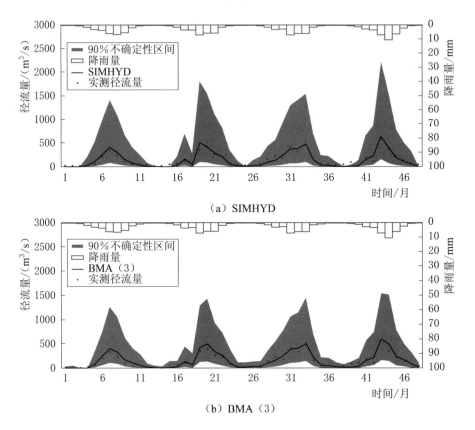

图 5.8　检验期（1987—1990 年）SIMHYD 模型和 BMA（3）的
月径流的 90％不确定性区间

5.4.2.3　模型间和模型内的径流误差分析

根据式(3.4) 和式(3.5)计算 BMA（3）综合径流的模型内和模型间的误差，日径流结果（率定期选择 1983 年，检验期选择 1990 年）如图 5.9 所示，月径流结果如图 5.10 所示。由两个图可知，不论是对日径流还是对月径流，不论是在率定期还是在检验期，模型内和模型间的误差所占的比重相当。但是，对特大洪峰，模型内的误差比模型间的误差要大一些。由于 3 个水文模型对汉中流域的日径流和月径流的模拟效果都不错，模型内的误差不是很大。模型间的误差跟模型内的误差相当，所以模型间的误差也不大。

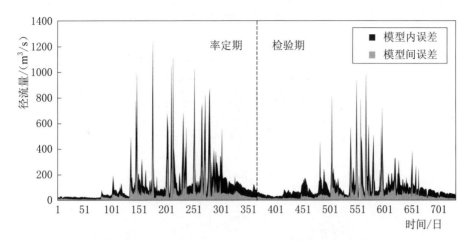

图 5.9　基于实测降雨资料的 BMA（3）日径流在率定期（1983 年）和
检验期（1990 年）的模型内和模型间误差

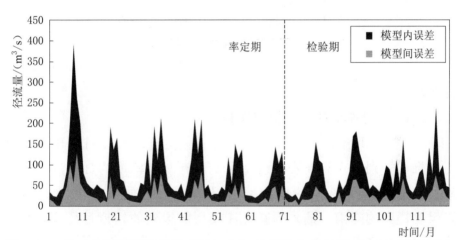

图 5.10　基于实测降雨资料的 BMA（3）月径流在率定期（1981—1986 年）
和检验期（1987—1990 年）的模型内和模型间误差

5.4.3　基于 GCM 降雨的单层 BMA 方案的不确定性分析

　　单层 BMA 方案的流程图如图 5.11 所示。首先将 3 个 GCM
和 3 种降尺度方法进行组合，然后将组合得到的 1981—1990 年期
间的 9 组模拟日降雨和模拟月降雨分别作为新安江模型的气候输
入，最后水文模型模拟得到的 9 组径流预报用 BMA 方法进行加

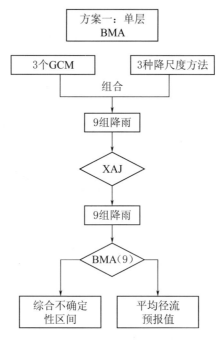

图 5.11　单层 BMA 方案的流程图

权平均。

5.4.3.1　9 组模型的径流模拟结果

将 20C3M 情景下 1981—1990 年期间的 9 组模型日降雨和月降雨结果，分别输入到新安江模型中，得到 9 组模型的日径流和月径流。其中，B_A 表示的是 BCCR - BCM2.0 气候模式和 ASD 方法降尺度得到的降雨，输入到新安江模型中得到的模拟月径流，其他符号以此类推。

5.4.3.2　BMA（9）与组成它的 9 组模型的径流精度比较

这里加入一个新的指标——合格率（AR）来评定径流的模拟精度。相对误差小于 30% 的预报值为合格，合格率是指预报合格的时间点占总时间点的比例。图 5.12 是 BMA（9）中 9 组模型日模拟径流的权重图。9 组模型日径流的权重中，权重最大的是 C_S2 的日径流。SDSM2 降尺度下的日径流权重相比其他两种降尺度方法要略高。图 5.13 是 BMA（9）中 9 组模型月模拟径流的权重图。9组模型月径流的权重相差不大，权重最大的是 B_ A 的月径流。ASD 降尺度下的月径流权重相比其他两种降尺度方法要略高。

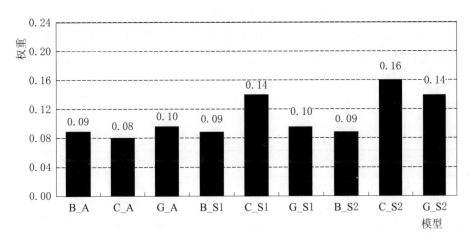

图 5.12　BMA（9）中 9 组模型日模拟径流的权重

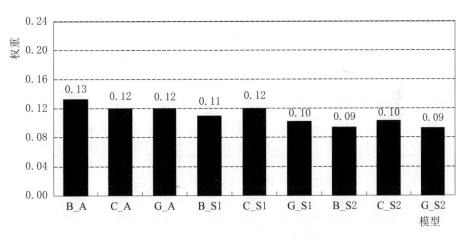

图 5.13　BMA（9）中 9 组模型月模拟径流的权重

表 5.5 列出了 BMA（9）和组成它的 9 组模型日径流预报值的精度评定结果。从表中可以看出，所有模型的日径流预报精度都很低，经过加权平均后的 BMA（9）的综合日径流的模拟精度略有提高，但是模拟效果仍然很差。表 5.6 列出了 BMA（9）和组成它的

9 组模型预报值在整个流量序列的精度评定结果。从表中可以看出，根据 R^2 的指标值，B＿S1、G＿S1 和 G＿S2 的模拟精度在 60％以上，其他六组模拟月径流的精度都在 60％以下。根据 AR 的指标值，B＿S2 和 G＿S2 的模拟合格率最高。总体来说，SDSM1 和 SDSM2 降尺度方法下的月径流的模拟效果较好，但是并没有相应高的权重。经过加权平均后的 BMA（9）的综合月径流在指标 DRMS、R^2 和 RE 上没有提高，但是在合格率 AR 上跟模拟精度最高的 G＿S2 相同。

表 5.5　　　9 组模型和 BMA（9）综合的日径流统计表

模　型	$DRMS/(\mathrm{m}^3/\mathrm{s})$	$R^2/\%$	$AR/\%$	$RE/\%$
B＿A	293.58	1.70	14.38	8.92
C＿A	344.11	−35.05	16.10	−26.44
G＿A	295.48	0.43	14.32	−2.86
B＿S1	295.42	0.46	13.84	−1.89
C＿S1	298.04	−1.31	10.00	14.96
G＿S1	290.04	4.06	17.67	−20.68
B＿S2	294.13	1.33	15.62	−3.30
C＿S2	315.24	−13.34	8.84	16.60
G＿S2	292.67	2.31	10.14	36.47
BMA（9）	281.27	9.77	11.78	23.88

表 5.6　　　9 组模型和 BMA（9）综合的月径流统计表

模　型	$DRMS/(\mathrm{m}^3/\mathrm{s})$	$R^2/\%$	$AR/\%$	$RE/\%$
B＿A	110.98	37.99	35.42	−24.26
C＿A	106.27	43.14	35.42	−19.29
G＿A	101.51	48.12	25.00	−16.09
B＿S1	85.99	62.77	29.17	−5.37
C＿S1	96.94	52.69	33.33	−19.32
G＿S1	85.60	63.11	37.50	−14.60

模　　型	$DRMS/(\text{m}^3/\text{s})$	$R^2/\%$	$AR/\%$	$RE/\%$
B _ S2	97.81	51.84	41.67	−19.75
C _ S2	106.44	42.95	33.33	−15.65
G _ S2	80.72	67.20	47.92	−10.53
BMA（9）	86.97	61.92	47.92	45.83

5.4.3.3　BMA（9）与组成它的 9 组模型 90％不确定性区间的精度比较

　　表 5.7 列出了 BMA（9）和组成它的 9 组模型 90％日径流不确定性区间的覆盖率 CR 的比较结果。由于 CR 是主要的衡量预报区间的指标，另外两个指标 B 和 D 结果又很差，这里就没有作统计。表 5.8 列出了 BMA（9）和组成它的 9 组模型 90％月径流不确定性区间的精度比较结果。由表可以看出，BMA（9）的 90％月径流区间的覆盖率 CR 为 100％。而且 BMA（9）的 90％月径流不确定性区间的平均偏移幅度 D 比大多数单个模型的都小。但是，BMA（9）的 90％月径流区间的平均带宽 B 比大多数单个模型的都大。图 5.14 表示的是检验期（1990 年）G _ S2 和 BMA（9）的日径流的 90％不确定性区间。从图中可以看出，对于日径流，单个模型和 BMA（9）的径流预报和 90％不确定性区间模拟效果都不好。图 5.15 表示的是检验期 G _ S2 和 BMA（9）的月径流的 90％不确定性区间。从图中可以得到与表 5.8 同样的结论。

表 5.7　9 组模型和 BMA（9）综合的 90％日径流不确定性区间覆盖率统计表

模　　型	$CR/\%$	模　　型	$CR/\%$
B _ A	68.97	G _ S1	76.64
C _ A	82.60	B _ S2	77.26
G _ A	62.33	C _ S2	16.78
B _ S1	72.88	G _ S2	20.34
C _ S1	22.60	BMA（9）	83.97

表 5.8　　　　9 组模型和 BMA（9）综合的 90% 月径流
不确定性区间统计表

模　　型	$CR/\%$	$B/(m^3/s)$	$D/(m^3/s)$
B _ A	97.92	578.02	183.98
C _ A	95.83	556.50	175.63
G _ A	95.83	456.48	145.85
B _ S1	91.67	637.19	199.60
C _ S1	97.92	530.83	165.86
G _ S1	100.00	578.42	180.57
B _ S2	95.83	633.79	206.65
C _ S2	95.83	574.73	186.21
G _ S2	100.00	560.22	170.51
BMA（9）	100.00	585.52	180.08

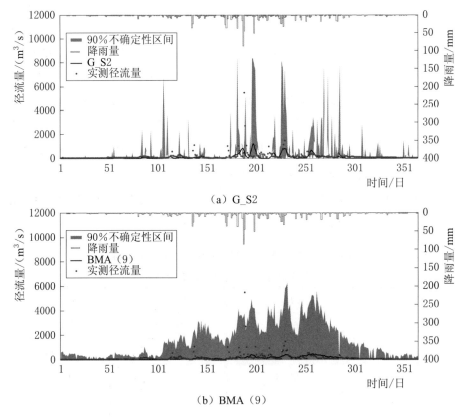

（a）G_S2

（b）BMA（9）

图 5.14　检验期（1990 年）G _ S2 和 BMA（9）的 90% 日径流不确定性区间

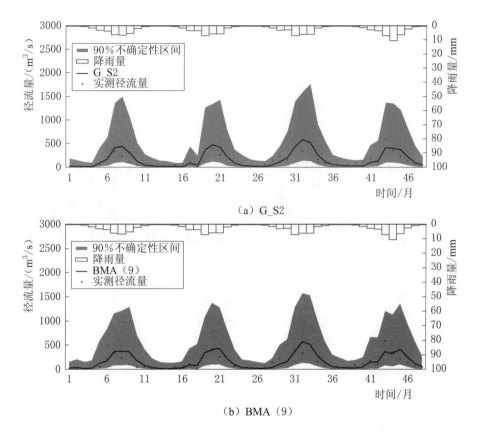

图 5.15　检验期（1987—1990 年）G _ S2 和 BMA（9）的
90％月径流不确定性区间

5.4.3.4　模型间和模型内的径流误差分析

根据式(5.4) 和式(5.5) 计算得到 BMA（9）综合径流的模型
内和模型间的误差，日径流结果如图 5.16 所示，月径流结果如图
5.17 所示。由两个图可知，不论是对日径流还是对月径流，不论
是在率定期还是在检验期，对大流量，模型内的误差比模型间的误
差要大得多；但是对小流量，模型间的误差比模型内的误差要大
一些。

5.4.4　基于 GCM 降雨的双层 BMA 方案的不确定性分析

双层 BMA 方案，首先将 3 个 GCM 和 3 种降尺度方法组合得

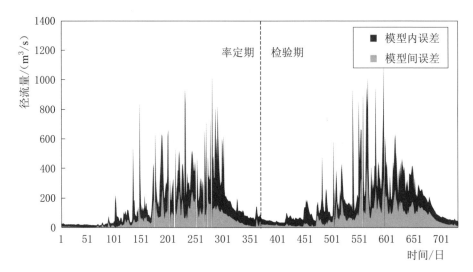

图 5.16　单层 BMA 方案的日径流在率定期（1983 年）和
检验期（1987 年）的模型内和模型间误差

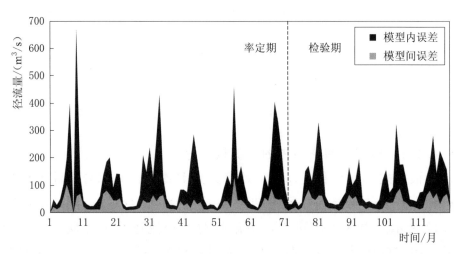

图 5.17　单层 BMA 方案的月径流的模型内和模型间误差

到的 1981—1990 年期间的 9 组模拟降雨用 BMA 方法进行加权平
均，得到 BMA（9）综合降雨。然后，将 BMA（9）的综合降雨作
为水文模型的气候输入，分别用新安江模型、SMAR 模型和 SIM-
HYD 模型进行径流模拟，得到 3 组模型的径流模拟值。最后，再

次利用 BMA 方法对 3 组径流值进行加权平均，得到 BMA（3）综合径流。双层 BMA 方案的流程图如图 5.18 所示。

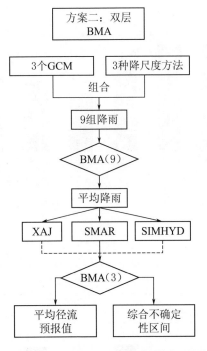

图 5.18 双层 BMA 方案的流程图

5.4.4.1 第一层 BMA（9）的降雨模拟结果

1. BMA（9）与单个模型降雨的精度比较

图 5.19 是 BMA（9）中 9 组日降雨的权重图。9 组日降雨的权重中，ASD 降尺度方法下的月降雨权重相比其他两种降尺度方法要略高。图 5.20 是 BMA（9）中 9 组月降雨的权重图。9 组月降雨的权重相差不大，权重最大的是 B _ S1 和 G _ S1 的月降雨。SDSM1 降尺度方法下的月降雨权重相比其他两种降尺度方法要略高。

表 5.9 列出了 BMA（9）和组成它的 9 组模型的日降雨在率定期和检验期的精度评定结果。对于日降雨，BMA（9）和组成它的 9 组模型的模拟效果都不好。表 5.10 列出了 BMA（9）和组成它的 9 组模型的月降雨在率定期和检验期的精度评定结果。从表中可以

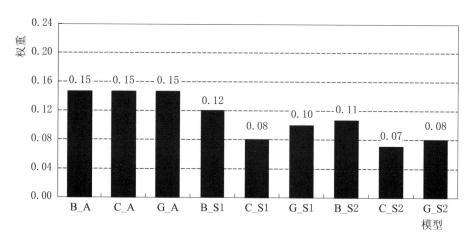

图 5.19　BMA（9）中 9 组日降雨的权重

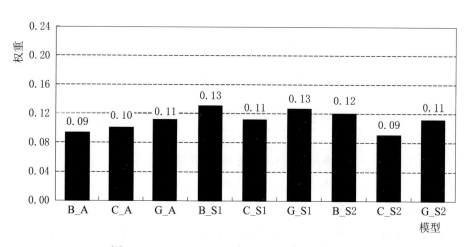

图 5.20　BMA（9）中 9 组月降雨的权重

看出，根据 $DRMS$ 的指标值，G＿A 和 G＿S1 的模拟精度最好。根据合格率 AR 的指标值，G＿S1 和 G＿S2 的模拟合格率最高。总体来说，SDSM1 方法下的月降雨的模拟效果对比另外两种降尺度方法较好，在 BMA（9）的权重中也得到了反映。经过加权平均后的 BMA（9）综合月降雨在指标 $DRMS$、AR 和 RE 上没有显著提高，但是比绝大多数的单个降雨预报值要好。

表 5.9   9 组模型和 BMA（9）综合的日降雨精度统计表

模　型	率　定　期			检　验　期		
	DRMS/mm	AR/%	RE/%	DRMS/mm	AR/%	RE/%
B_A	8.30	5.43	58.69	7.38	4.18	54.41
C_A	7.99	4.75	62.57	7.47	4.38	46.33
G_A	7.96	4.84	61.28	7.29	4.93	56.44
B_S1	7.94	5.75	38.98	7.11	5.89	33.79
C_S1	7.85	4.25	50.03	7.04	3.90	42.85
G_S1	7.80	4.79	48.85	7.08	4.93	43.83
B_S2	7.99	5.34	46.48	7.10	4.59	42.21
C_S2	7.93	3.70	46.09	7.06	4.04	37.93
G_S2	7.82	5.02	53.39	7.25	4.73	50.28
BMA（9）	8.16	1.78	84.04	7.37	1.30	80.97

表 5.10   9 组模型和 BMA（9）综合的月降雨精度统计表

模　型	率　定　期			检　验　期		
	DRMS/mm	AR/%	RE/%	DRMS/mm	AR/%	RE/%
B_A	88.00	43.06	8.98	65.62	29.17	−0.89
C_A	80.99	44.44	8.18	92.45	35.42	−16.71
G_A	66.74	44.44	9.71	43.05	37.50	−0.08
B_S1	72.38	41.67	−0.92	43.91	43.75	−6.44
C_S1	71.41	41.67	8.04	48.17	37.50	−0.33
G_S1	67.69	45.83	7.46	33.27	47.92	1.88
B_S2	75.11	40.28	8.17	41.47	39.58	3.90
C_S2	74.86	37.50	9.80	53.75	41.67	0.48
G_S2	71.01	50.00	16.03	34.81	50.00	11.64
BMA（9）	70.43	47.22	10.02	42.17	66.67	1.83

2. BMA（9）与单个模型降雨不确定性区间的精度比较

表 5.11 列出了 9 组模型和 BMA（9）综合的日降雨 90% 不确定性区间在率定期和检验期的覆盖率 CR 统计结果。可以看出，对

于日降雨，9 组模型和 BMA（9）综合降雨不确定性区间的优良性都较差。表 5.12 列出了 9 组模型和 BMA（9）综合的月降雨 90%不确定性区间在率定期和检验期的统计结果。从表中可以看出，在率定期，根据覆盖率 CR，B_A 和 C_A 的不确定性区间最优；根据平均带宽 B 和平均偏移幅度 D，G_A 和 G_S2 的不确定性区间最优。在率定期和检验期，BMA（9）的月降雨 90%不确定性区间的覆盖率 CR 为 95.83%。而且 BMA（9）的月降雨 90%不确定性区间的平均偏移幅度 D 比大多数单个模型的都小。但是，BMA（9）的月降雨 90%不确定性区间的平均带宽 B 比大多数单个模型的都大。图 5.21 表示的是检验期 B_S1 和 BMA（9）的月降雨 90%不确定性区间图。从图 5.21 中也可以得到与表 5.12 同样的结论。

表 5.11　　9 组模型和 BMA（9）综合的日降雨 90%不确定性区间的 *CR* 统计表

模　　型	率　定　期	检　验　期
B_A	14.29	14.73
C_A	15.16	14.86
G_A	13.93	12.95
B_S1	12.24	11.92
C_S1	8.22	9.45
G_S1	10.64	10.55
B_S2	11.96	10.14
C_S2	8.58	8.56
G_S2	9.50	9.18
BMA（9）	48.22	44.79

表 5.12　　9 组模型和 BMA（9）综合的月降雨 90%不确定性区间统计表

模　　型	率　定　期			检　验　期		
	$CR/\%$	B/mm	D/mm	$CR/\%$	B/mm	D/mm
B_A	91.67	176.23	54.86	83.33	184.53	50.85
C_A	93.06	153.16	48.93	81.25	177.49	63.37
G_A	88.89	123.14	36.60	79.17	128.98	36.30

续表

模 型	率 定 期			检 验 期		
	$CR/\%$	B/mm	D/mm	$CR/\%$	B/mm	D/mm
B_S1	87.50	163.02	51.12	83.33	165.39	40.68
C_S1	90.28	134.73	42.88	83.33	139.51	37.86
G_S1	84.72	126.93	40.89	87.50	129.42	29.15
B_S2	87.50	156.10	48.51	89.58	157.48	36.68
C_S2	90.28	149.21	46.37	87.50	155.67	42.08
G_S2	88.89	118.70	37.96	85.42	120.14	24.94
BMA（9）	95.83	156.59	44.73	95.83	164.26	37.31

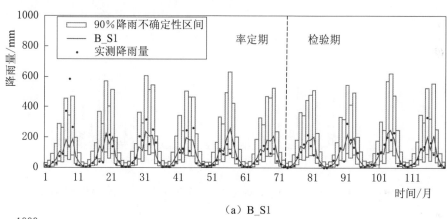

（a）B_S1

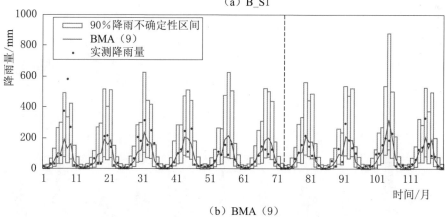

（b）BMA（9）

图 5.21　B_S1 模型和 BMA（9）在率定期（1981—1986 年）和
检验期（1987—1990 年）的月降雨 90％不确定性区间图

3. 模型间和模型内的降雨误差分析

根据式(5.10) 和式(5.11) 计算得到 BMA（9）综合降雨的模型内和模型间的误差，日降雨结果如图 5.22 所示，月降雨结果如图 5.23 所示。由图可知，不论是对日降雨还是对月降雨，不论是在率定期还是在检验期，对较大强度的降雨，模型内的误差比模型间的误差要大得多。但是对一般降雨，模型间的误差和模型内的误差比重相当。

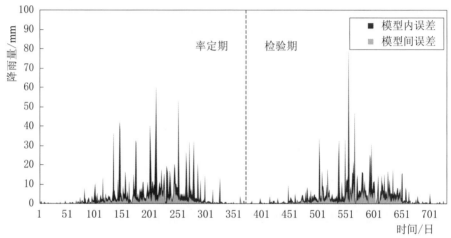

图 5.22　双层 BMA 方案的 BMA（9）日降雨的模型内和模型间误差

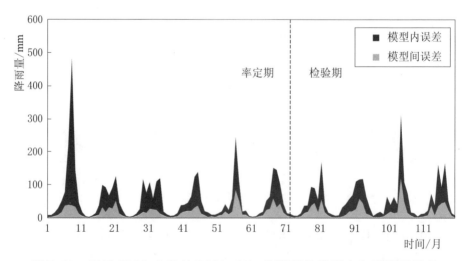

图 5.23　双层 BMA 方案的 BMA（9）月降雨的模型内和模型间误差

5.4.4.2 第二层 BMA（3）的径流模拟结果

1. BMA（3）平均径流与单个径流预报的精度比较

在 BMA（3）方案中，组成它的单个模型的权重，日径流如图 5.24 所示，月径流如图 5.25 所示。对比基于实测降雨的 BMA（3）的结果，之前模拟效果最好的新安江模型在这里并不是最优的。由图 5.24 可知，对于日径流，3 个模型中 SMAR 模型的权重最大，其次是新安江模型，SIMHYD 的权重最小。由图 5.25 可知，3 个模型中 SIMHYD 的模拟效果最好，但是 SIMHYD 的径流所占的比重却位居第二，说明 BMA（3）方案中的权重在一定程度上可以反映单个模型的模拟效果，但是跟单个模型的不确定性区间特性也有关系，BMA（3）权重综合了模拟精度和不确定性区间最优。这里 SMAR 模型的权重最高，占 0.36，其次是 SIMHYD 模型，新安江模型的权重最小。

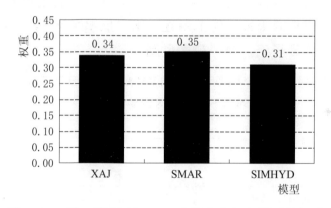

图 5.24　第二层 BMA（3）日径流中各个模型的权重

表 5.13 列出了 BMA（3）的日径流模拟值和组成它的 3 个模型的日径流模拟值在检验期的精度评定结果。由表可以看出，3 个模型和 BMA（3）的日径流的确定性系数很差，甚至还出现负值。表 5.14 列出了 BMA（3）的月径流模拟值和组成它的 3 个模型的月径流模拟值在检验期的精度评定结果。从表 5.14 可以看出，BMA（3）的月径流的确定性系数 R^2 为 66.71%，比模拟效果最好的单个模型模拟值（SIMHYD 模型）都大。相应地，BMA（3）的

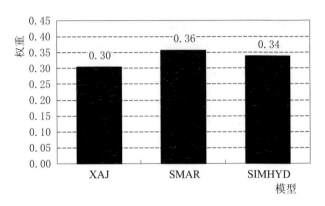

图 5.25　第二层 BMA（3）月径流中各个模型的权重

月径流的 $DRMS$ 值也比大部分单一模型的要小。BMA（3）的月径流的总量相对误差 RE 也比大部分单一模型的要小。在总量相对误差 RE 这个指标上，BMA（3）的月径流也比单一模型的要小。这进一步说明了月径流通过 BMA 方法加权平均后的模拟月径流比单一模型的模拟效果好。综上所述，第二层 BMA（3）的月径流对比单个模型的月径流，模拟精度更高。

表 5.13　检验期 3 个模型和第二层 BMA（3）的日径流和
90% 不确定性区间的统计表

模　型	径　流			90% 不确定性区间
	$DRMS/(\text{m}^3/\text{s})$	$RE/\%$	$R^2/\%$	$CR/\%$
XAJ	529.87	−79.75	−220.20	46.71
SMAR	303.75	−15.34	−5.23	62.81
SIMHYD	280.18	52.75	10.47	38.22
BMA（3）	298.80	3.98	−1.83	84.18

表 5.14　检验期 3 个模型和第二层 BMA（3）的月径流和
90% 不确定性区间的统计表

模　型	径　流			90% 不确定性区间		
	$DRMS/(\text{m}^3/\text{s})$	$RE/\%$	$R^2/\%$	$CR/\%$	$B/(\text{m}^3/\text{s})$	$D/(\text{m}^3/\text{s})$
XAJ	94.99	−17.21	54.57	97.92	469.82	139.02
SMAR	124.37	−31.18	22.12	95.83	660.42	228.58

续表

模　　型	径　　流			90％不确定性区间		
	$DRMS/(\mathrm{m}^3/\mathrm{s})$	$RE/\%$	$R^2/\%$	$CR/\%$	$B/(\mathrm{m}^3/\mathrm{s})$	$D/(\mathrm{m}^3/\mathrm{s})$
SIMHYD	86.19	23.33	62.60	97.92	373.85	78.28
BMA（3）	81.31	−2.92	66.71	100.00	550.23	161.76

2. BMA（3）径流区间与单个径流区间的精度比较

由表 5.13 可知，在检验期，BMA（3）的日径流区间对实测值的覆盖率 CR 比单个模型提高了很多，达到了 84.18％。由于其他两个区间指标的结果太差，没有比较的意义，所以这里就没有进行统计。然后，选择 SIMHYD 模型和 BMA（3）在检验期的日径流 90％不确定性区间作比较，如图 5.26 所示。其中，实测流量用小圆点表示，BMA（3）的综合日径流和 SIMHYD 模型的日径流

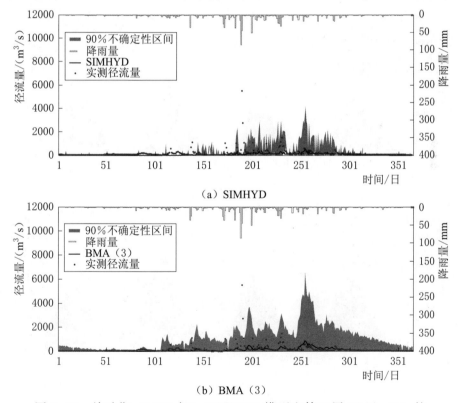

图 5.26　检验期（1990 年）SIMHYD 模型和第二层 BMA（3）的
日径流的 90％不确定性区间

都用实线表示，日径流的 90％不确定性区间用阴影部分表示。从图 5.26可以看出，单个模型和 BMA（3）的不确定性区间在以日为时间尺度的情况下，结果较差。

由表 5.14 可知，在检验期，BMA（3）的月径流 90％不确定性区间对实测值的覆盖率 CR 比单个模型都明显要高，达到了100％。而且它的平均带宽 B 相较最大带宽有所变窄。但是，BMA（3）的月径流 90％不确定性区间的平均偏移幅度 D 比大多数的单个模型的 D 值都大。也就是说，从 CR 这个指标看，BMA（3）的月径流 90％不确定性区间比单个模型的优良，但是从 B 和 D 这两个指标看，BMA（3）的月径流 90％不确定性区间对比单个模型没有明显的提高。然后，选择 SIMHYD 模型和 BMA（3）在检验期的月径流 90％不确定性区间作比较，如图 5.27 所示。其中，实测

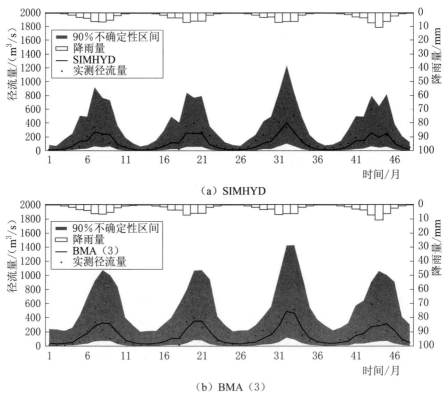

图 5.27　检验期（1987—1990 年）SIMHYD 模型和第二层 BMA（3）的
月径流 90％不确定性区间

流量用小圆点表示，BMA（3）的综合月径流和 SIMHYD 模型的月径流都用实线表示，月径流 90%不确定性区间用阴影部分表示。图 5.27 的结果和表 5.14 的一致。总体上，BMA（3）的月径流 90%不确定性区间比组成它的单个模型的预报区间在整个流量序列上更优。

3. 模型间和模型内的径流误差分析

根据式(5.12)和式(5.13)计算第二层 BMA（3）综合径流的模型内和模型间的误差，日径流结果如图 5.28 所示，月径流结果如图 5.29 所示。由图可知，不论是对日径流还是对月径流，不论是在率定期还是在检验期，模型内和模型间的误差所占的比重相当。但是，对较大流量，模型内的误差比模型间的误差要大一些。但是，对一般流量，模型间的误差跟模型内的误差相当。

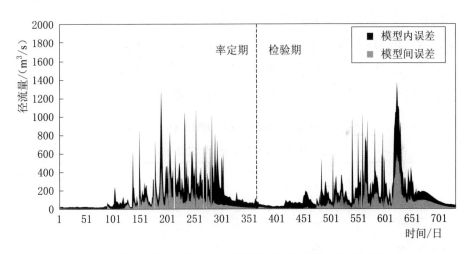

图 5.28　第二层 BMA（3）日径流在率定期（1983 年）和
检验期（1990 年）的模型内和模型间误差

5.4.5　两种 BMA 方案的比较

表 5.15 列出了检验期单层 BMA 和双层 BMA 的日径流和 90%不确定性区间的统计特性比较结果。由于对日径流，另外两个径流区间指标 B 和 D 的结果有严重偏差，这里就没有统计。从表 5.15

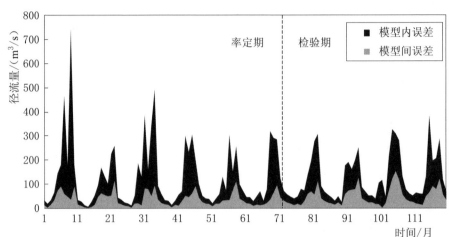

图 5.29　第二层 BMA（3）月径流在率定期（1981—1986 年）和
检验期（1987—1990 年）的模型内和模型间误差

可以看出，双层 BMA 的日径流比单层 BMA 的日径流，从确定性
系数 R^2 和 DRMS 值上没有提高。但是从总量相对误差 RE 上看，
双层 BMA 月径流的精度要略有提高。从 90% 不确定性区间来看，
双层 BMA 的结果对比单层 BMA 略有优势。

**表 5.15　检验期单层 BMA 和双层 BMA 的日径流和
90% 不确定性区间统计表**

方　案	径　流			90% 不确定性区间
	$DRMS/(\text{m}^3/\text{s})$	$RE/\%$	$R^2/\%$	$CR/\%$
单层 BMA	281.27	23.88	9.77	83.97
双层 BMA	298.80	3.98	−1.83	84.18

表 5.16 列出了检验期单层 BMA 和双层 BMA 的月径流和 90%
不确定性区间的统计特性比较结果。从表 5.16 可以看出，双层
BMA 的月径流比单层 BMA 的月径流，从确定性系数 R^2 和
DRMS 值上有所提高。但是从总量相对误差 RE 上看，双层 BMA
月径流的精度要高很多。从 90% 不确定性区间来看，双层 BMA 的
结果对比单层 BMA 有很大的优势。因此，选择双层 BMA 方案用
于未来情景下的降雨和径流预测。

表 5.16　　检验期单层 BMA 和双层 BMA 的月径流和
90%不确定性区间统计表

方　案	径　流			90%不确定性区间		
	$DRMS/(\text{m}^3/\text{s})$	$RE/\%$	$R^2/\%$	$CR/\%$	$B/(\text{m}^3/\text{s})$	$D/(\text{m}^3/\text{s})$
单层 BMA	86.97	45.83	61.92	100.00	585.52	180.08
双层 BMA	81.31	−2.92	66.71	100.00	550.23	161.76

5.4.6　双层 BMA 中各种不确定性的区分

根据 5.3 节中对降雨预测的水文模型的不确定性区分原理，对双层 BMA 得到的 BMA（3）综合月径流的模型内误差进行划分，分为降雨预测不确定性和水文模型不确定性两部分（图 5.30）。由图可知，在气候预测和水文模型对径流的综合不确定性中，对特大流量，水文模型的不确定性大于气候预测的不确定性；对一般大流量，气候预测的不确定性更大一点；对中小流量，水文模型的不确定性更大。

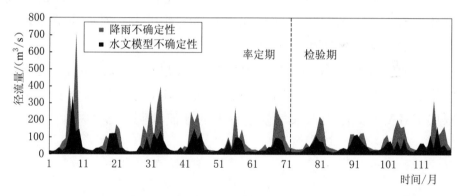

图 5.30　双层 BMA 中降雨和水文模型不确定性的区分

5.5　本　章　小　结

本章基于 BMA 方法，提出两种 BMA 方案（即单层 BMA 和双层 BMA）来研究气候预测和水文模型对径流的综合不确定性。

单层 BMA 中只用到一个水文模型，着重于气候预测对径流的不确定性分析。研究发现，日径流的结果很差，远不及月径流的结果。9 组月径流经过 BMA 加权平均后，模拟效果没有提高，但是 90% 不确定性间的优良性有所提高。而且对大流量，模型内的误差比模型间的误差要大得多。但是对小流量，模型间的误差比模型内的误差要大一些。

双层 BMA 中，首先对 9 组降雨进行第一层 BMA 加权平均，然后将综合后的降雨代入 3 个模型，得到的 3 组径流再进行第二层 BMA 加权平均，得到综合的径流。研究发现，日降雨和日径流的结果都远远不及月降雨和月径流。双层 BMA 得到的综合月径流模拟效果比单个水文模型有所提高，而且 90% 不确定性区间的优良性也有明显提高。由于双层 BMA 中涉及多组气候预测和多个水文模型，其不确定性也包含了气候预测和水文模型两方面。根据模型内和模型间的误差公式，最后提出一个简单的区分降雨和水文模型的不确定性方法。结果表明，在气候预测和水文模型对径流的综合不确定性中，对特大流量，水文模型的不确定性大于气候预测的不确定性；对一般大流量，气候预测的不确定性更大；对中小流量，水文模型的不确定性更大。

最后，比较两种 BMA 方案的模拟效果和模拟区间的优良性，结果表明双层 BMA 方案的结果比单层 BMA 有明显的优势，选择双层 BMA 方案作为未来气候情景下的径流预测。

第6章 基于双层 BMA 的未来气候情景下的降雨与径流预测

本章以汉中流域为例，基于第 5 章中优选的 BMA 方案，即双层 BMA 方案，对未来的 3 种气候排放情景的降雨和径流进行分析。其中，在比较 3 种未来气候排放情景的月降雨与基准期的月降雨的变化，以未来 2061—2090 年 30 年间的月降雨为研究对象，对比基准期 1961—1990 年 30 年间的月降雨。但是，由于实测径流的资料长度只有 10 年。为了保持未来和过去的研究时间长度一致，在比较 3 种未来气候排放情景的月径流与基准期月径流的变化，只以未来 2081—2090 年 10 年间的月径流为研究对象，对比过去 1981—1990 年 10 年间的月径流。

6.1　3 种气候情景的描述

对未来的气候预测，这里选取 A1B、A2 和 B1 3 种气候情景，这 3 种未来气候情景的描述见表 6.1。仍然采用 BCCR-BCM2.0、CSIRO-MK3.0 和 GFDL-CM2.0 3 个全球气候模式，ASD、SDSM1 和 SDSM2 3 种降尺度方法，以及新安江模型，SMAR 模型和 SIMHYD 模型 3 个水文模型，按照图 5.11 的双层 BMA 流程图来进行未来气候情景下的降雨和径流预测。

表 6.1　　　　　　　　　　3 种未来气候情景的描述

气候情景	描　　述
A1B	描述的是一个经济快速增长，全球人口峰值出现在 21 世纪中叶、随后开始减少，新的和更高效的技术迅速出现的未来世界。其基本内容是强调地区间的趋同发展、能力建设、不断增强的文化和社会的相互作用、地区间人均收入差距的持续减少。A1B 在此处的均衡定义为，在假设各种能源供应和利用技术发展速度相当的条件下，不过分依赖于某一特定的能源资源

续表

气候情景	描　述
A2	描述的是一个极其非均衡发展的世界。其基本点是自给自足和地方保护主义，地区间的人口出生率很不协调，导致持续的人口增长，经济发展主要以区域经济为主，人均经济增长与技术变化越来越分离，低于其他框架的发展速度
B1	描述的是一个均衡发展的世界，与 A1 描述具有相同的人口，人口峰值出现在 21 世纪中叶，随后开始减少。不同的是，经济结构向服务和信息经济方向快速调整，材料密度降低，引入清洁、能源效率高的技术。其基本点是在不采取气候行动计划的条件下，更加公平地在全球范围实现经济、社会和环境的可持续发展

6.2　3 种气候情景的月降雨预报区间

　　3 种气候情景的月降雨区间分别用箱形图表示，箱形图包含了从上到下 5 个数据节点：最大值 P100、上四分位数 P75、中位数 P50、下四分位数 P25、最小值 P0。

6.2.1　A1B 情景下的未来降雨平均值区间

　　在 A1B 情景下，2061—2090 年 9 组平均月降雨预报区间的箱形图如图 6.1 所示。从图中可以看出，9 组降雨预报区间中有 6 组的平均月降雨都超过了 1961—1990 年期间的实测平均月降雨值，说明 A1B 情景的降雨量对比过去时期有明显的增加趋势。在 3 种气候模式中，BCCR - BCM2.0 气候模式的降雨中位数值较另外两个模式更大。在 3 种降尺度方法中，ASD 降尺度方法模拟的 A1B 情景的降雨平均值与过去实测降雨平均值变化不大，说明 ASD 方法对未来降雨的预测偏小。另外，SDSM1 方法对未来降雨的预测略大于 SDSM2 方法。在 9 组预报值中，BCCR - BCM2.0 模式和 SDSM1 降尺度方法结合的降雨预测值最大，其次是 BCCR - BCM2.0 模式和 SDSM2 降尺度方法的预测值。ASD 方法得到的降雨"箱"仍然最长，更加表明 ASD 方法得到的降雨平均值区间最大，模拟的不确定性因素较多。SDSM1 和 SDSM2 方法得到的降雨平均值区间大小接近，说明这两种方法对 A1B 情景的降雨预测相较之下要稳定可靠一些。

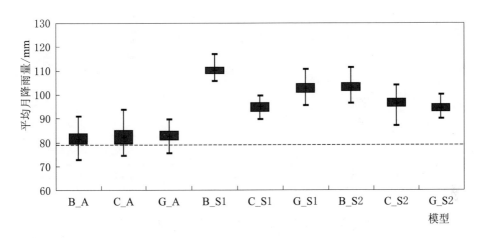

图 6.1　A1B 情景下的未来平均月降雨预报区间箱形图

6.2.2　A2 情景下的未来降雨平均值区间

在 A2 情景下，2061—2090 年 9 组平均月降雨预报区间的箱形图如图 6.2 所示。从图中可以看出，9 组降雨预报区间中有 7 组的平均月降雨都超过了 1961—1990 年期间的实测平均月降雨值，说明 A2 情景的降雨量对比过去时期有明显的增加趋势。在 3 种气候模式中，BCCR – BCM2.0 气候模式的降雨中位数值较另外两个模式更大，其次是 GFDL – CM2.0 气候模式。在 3 种降尺度方法中，ASD 方法模拟的 A2 情景的降雨平均值与过去实测降雨平均值变化不大，说明 ASD 方法对未来降雨的预测偏小。另外，SDSM1 方法对未来降雨的预测略大于 SDSM2 方法。在 9 组预报值中，BCCR – BCM2.0 模式和 SDSM1 方法结合的降雨预测值最大，其次是 GFDL – CM2.0 模式和 SDSM1 方法的预测值。ASD 方法和 SDSM2 方法得到的降雨"箱"相对较长，表明 ASD 方法和 SDSM2 方法得到的降雨平均值区间较大，模拟的不确定性因素较多。SDSM1 方法得到的降雨平均值区间最小，说明该方法对 A2 情景的降雨预测较稳定可靠。

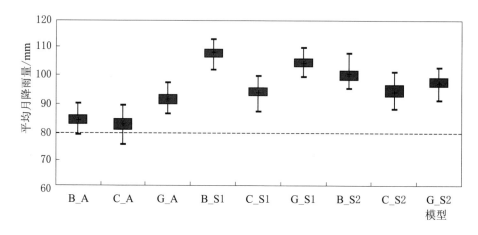

图 6.2　A2 情景下的未来平均月降雨预报区间箱形图

6.2.3　B1 情景下的未来降雨平均值区间

在 B1 情景下，2061—2090 年 9 组平均月降雨预报区间的箱形图如图 6.3 所示。从图中可以看出，9 组降雨预报区间中有 5 组的平均月降雨超过了 1961—1990 年期间的实测平均降雨值，说明

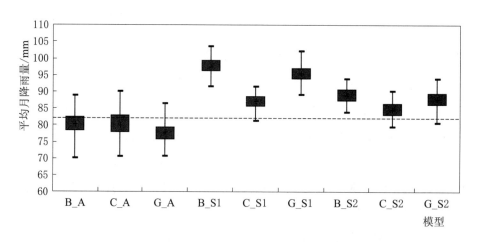

图 6.3　B1 情景下的未来平均月降雨预报区间箱形图

B1 情景的降雨量对比过去时期的降雨量有略微的增加趋势。在 3 种气候模式中，仍然是 BCCR - BCM2.0 气候模式的降雨中位数值较另外两个模式更大。在 3 种降尺度方法中，ASD 方法模拟的 B1 情景的降雨平均值比过去实测降雨平均值还小，说明 ASD 方法对 B1 情景的未来降雨的预测显然偏小。在 9 组预报值中，BCCR - BCM2.0 模式和 SDSM1 方法结合的降雨预测值最大，其次是 GFDL - CM2.0 模式和 SDSM1 方法的预测值。ASD 方法得到的降雨"箱"仍然最长，表明 ASD 方法得到的未来降雨平均值区间最大，模拟的不确定性因素较多。SDSM1 方法和 SDSM2 方法得到的降雨平均值区间大小接近，说明这两种方法对 B1 情景的降雨预测相较之下要稳定可靠一些。

6.3　3种气候情景的月降雨结果

将 9 组降雨区间取平均值，得到 3 种气候情景下的月降雨模拟结果。对于未来 A1B、A2 和 B1 的气候情景，为了和基准期的降雨和径流时间长度保持一致，分析 3 种情景下 2081—2090 年的模拟月降雨与 1981—1990 年的实测月降雨之间的差别。

6.3.1　A1B 情景下的降雨结果

如图 6.4 所示，在 A1B 情景下，2081—2090 年的模拟月降雨大部分较 1981—1990 年的实测月降雨有增加趋势。在 3 种气候模式中，BCCR - BCM2.0 气候模式和 CSIRO - MK3.0 气候模式的月模拟月降雨，相较 GFDL - CM2.0 气候模式的月降雨要大一些。在 3 种降尺度方法中，ASD 方法模拟的未来降雨量与过去的实测降雨量相比增长不明显。而 SDSM1 方法和 SDSM2 方法模拟的 A1B 情景下的降雨量较过去有明显增长，理论上 A1B 情景下的降雨比过去的降雨量显著增加，说明 ASD 方法对 A1B 情景的降雨模拟效果不及 SDSM 方法。

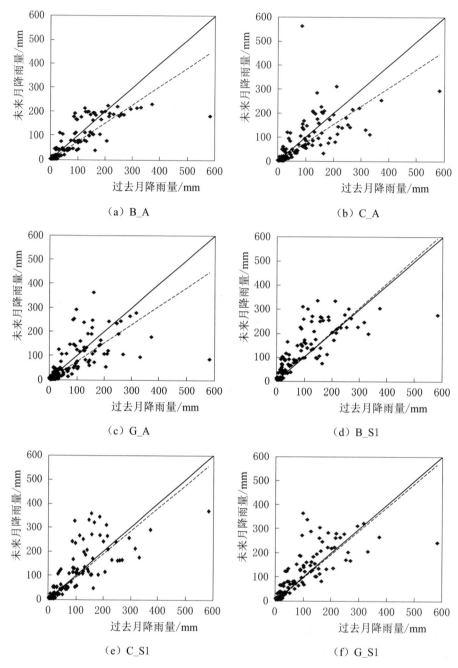

图 6.4（一）   A1B 情景下未来 2081—2090 年对比过去
1981—1990 年的月降雨散点图

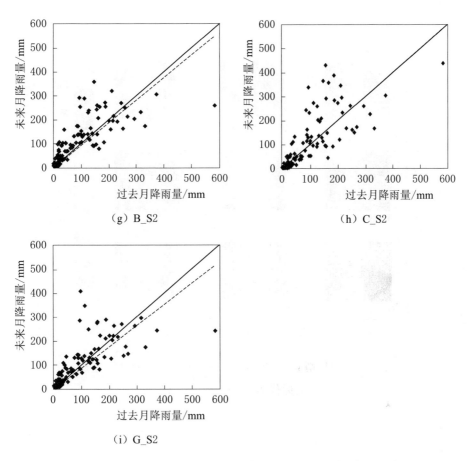

（g）B_S2　　　　　　　（h）C_S2

（i）G_S2

图 6.4（二）　A1B 情景下未来 2081—2090 年对比过去
1981—1990 年的月降雨散点图

　　图 6.5 是 A1B 情景下 2081—2090 年期间的降雨时间分布
图。由图可知，7 月、8 月、9 月降雨最丰富。这 3 个月里，
ASD 方法预测的降雨比 SDSM1 方法和 SDSM2 方法预测的降雨
都小，而且 C_A 和 G_A 的降雨预测在年份间规律不明显，差
异比较大。总体上讲，SDSM2 方法得到的预测降雨比 SDSM1
方法稍大。但是，SDSM1 方法和 SDSM2 方法预测的降雨在时
间分布上规律一致。CSIRO - MK3.0 气候模式的预测降雨年份
间的差异，相对 BCCR - BCM2.0 和 GFDL - CM2.0 气候模式

较小。

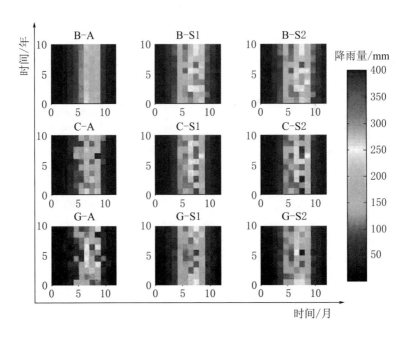

图 6.5　A1B 情景下 2081—2090 年的月降雨时间分布
（横坐标代表 1—12 月，纵坐标
代表 2081—2090 年）

6.3.2　A2 情景下的降雨结果

如图 6.6 所示，在 A2 情景下，2081—2090 年的模拟月降雨大部分较 1981—1990 年的实测月降雨有增加趋势。在 3 种气候模式中，BCCR - BCM2.0 气候模式和 GFDL - CM2.0 气候模式的模拟月降雨，相较于 CSIRO - MK3.0 气候模式的月降雨要大一些。在 3 种降尺度方法中，ASD 方法模拟的未来降雨值与过去的实测降雨量相比增长不明显。而 SDSM1 方法和 SDSM2 方法模拟的 A2 情景下的降雨量较过去有明显增长，理论上 A2 情景下的降雨比过去的降雨量显著增加，说明 ASD 方法对 A2 情景的降雨模拟效果不及 SDSM 方法。

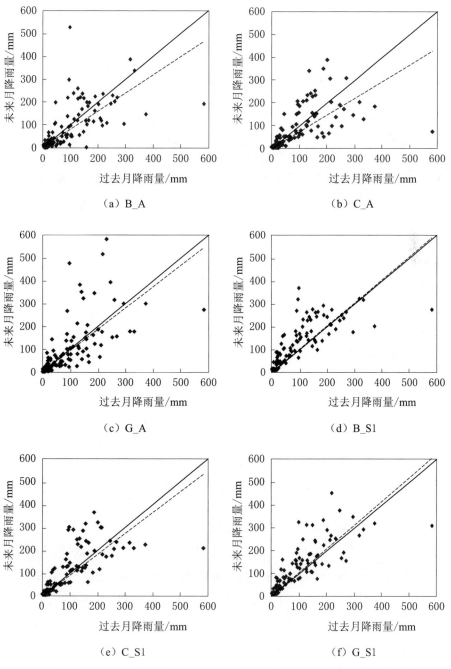

（a）B_A

（b）C_A

（c）G_A

（d）B_S1

（e）C_S1

（f）G_S1

图 6.6（一）　A2 情景下未来 2081—2090 年对比过去

1981—1990 年的月降雨散点图

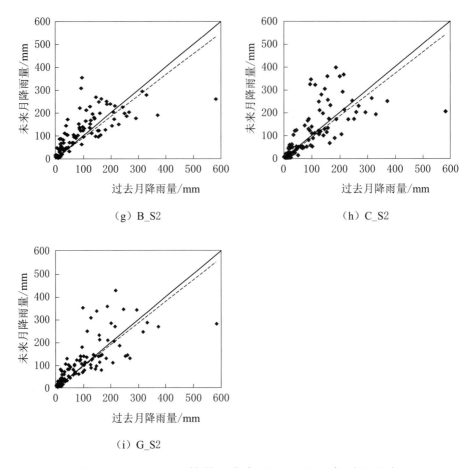

（g）B_S2　　　　　　　　　　　（h）C_S2

（i）G_S2

图 6.6（二）　　A2 情景下未来 2081—2090 年对比过去
1981—1990 年的月降雨散点图

　　图 6.7 是 A2 情景下的降雨时间分布图。由图可知，7 月、8 月、9 月降雨最丰富。这 3 个月里，ASD 方法预测的降雨比 SDSM1 方法和 SDSM2 方法预测的降雨偏小，但是有几个年份的降雨量又特别大。而且 B_A、C_A 和 G_A 的预测降雨在年份间规律不明显，差异比较大。总体上讲，SDSM1 方法和 SDSM2 方法预测的降雨在时间分布上规律一致，但是 SDSM2 方法得到的预测降雨比 SDSM1 方法稍大。CSIRO－MK3.0 气候模式的预测降雨年份间的差异，相对 BCCR－BCM2.0 和 GFDL－CM2.0 气

候模式较小。

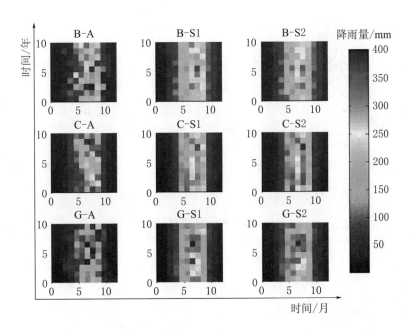

图 6.7 A2 情景下 2081—2090 年的月降雨时间分布

（横坐标代表 1—12 月，纵坐标

代表 2081—2090 年）

6.3.3 B1 情景下的降雨结果

如图 6.8 所示，在 B1 情景下，2081—2090 年的模拟月降雨大部分较 1981—1990 年的实测月降雨略有增加趋势。在 3 种气候模式中，BCCR - BCM2.0 气候模式的模拟月降雨最大，GFDL - CM2.0 气候模式和 CSIRO - MK3.0 气候模式的模拟月降雨接近。在 3 种降尺度方法中，ASD 方法模拟的未来降雨量与过去的实测降雨量差不多。而 SDSM1 方法和 SDSM2 方法模拟的 B1 情景下的降雨量较过去略有增长，理论上 B1 情景下的降雨量比过去的降雨量应该有所增加，说明 ASD 方法对 B1 情景的降雨模拟效果不及 SDSM 方法。

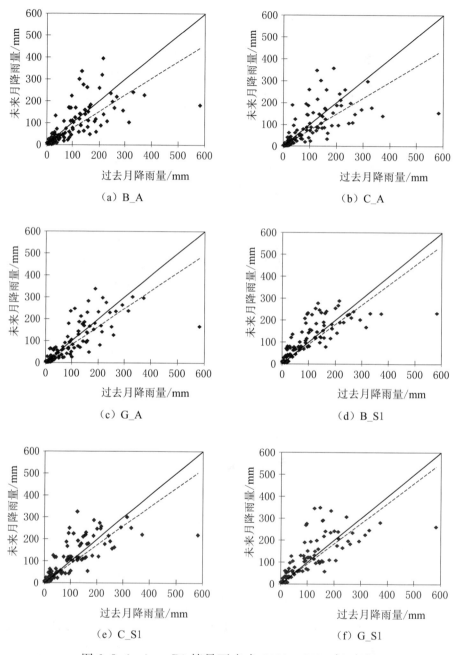

（a）B_A

（b）C_A

（c）G_A

（d）B_S1

（e）C_S1

（f）G_S1

图 6.8（一）　B1 情景下未来 2081—2090 年对比
过去 1981—1990 年的月降雨散点图

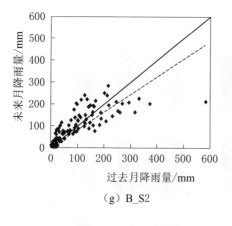

（g）B_S2

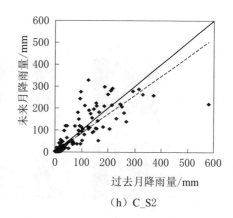

（h）C_S2

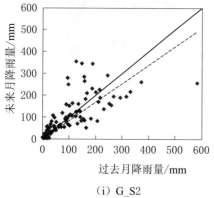

（i）G_S2

图 6.8（二）　B1 情景下未来 2081—2090 年对比
过去 1981—1990 年的月降雨散点图

　　图 6.9 给出了 B1 情景下的降雨时间分布图。由图可知，7月、8 月、9 月降雨最丰富。这 3 个月里，ASD 方法预测的降雨比 SDSM1 方法和 SDSM2 方法预测的降雨偏小，但是有几个年份的降雨量又特别大。而且 B＿A、C＿A 和 G＿A 的预测降雨在年份间规律不明显，差异比较大。总体上讲，SDSM1 方法和SDSM2 方法预测的降雨在时间分布上规律一致，但是 SDSM1 方法得到的预测降雨比 SDSM2 方法稍大。CSIRO－MK3.0 气候模式的预测降雨年份间的差异，相对 BCCR－BCM2.0 和 GFDL－CM2.0 气候模式较小。对比 A1B 和 A2 情景，B1 情景下的预测

降雨明显小一些。

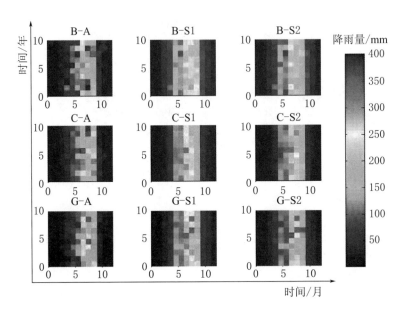

图 6.9　B1 情景下 2081—2090 年的月降雨时间分布
（横坐标代表 1—12 月，纵坐标
代表 2081—2090 年）

6.4　第一层 BMA（9）的降雨综合结果

将 6.2 节中的每个气候情景的 9 组月降雨，用双层 BMA 方案中的第一层 BMA（9）的权重（图 6.10）进行降雨综合，就会得到 3 种未来气候情景下的综合 BMA（9）降雨。

6.4.1　A1B 情景的 BMA（9）降雨

在 A1B 情景之下，图 6.5 中的 9 组降雨经过第一层 BMA 加权平均后，得到 A1B 情景的 BMA（9）综合降雨，其 BMA（9）月降雨的时间分布如图 6.11 所示。对比图 6.5 可知，经过 BMA 方法加权平均后，月降雨在年际间的变化更小，时间分布上更加均匀，而且综合后的月降雨中的极值事件明显减少。

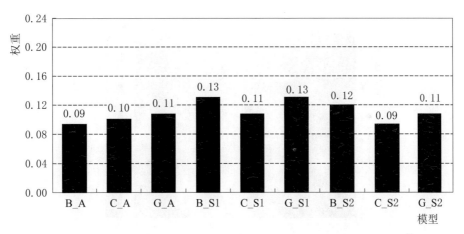

图 6.10　第一层 BMA（9）中 9 组月降雨的权重

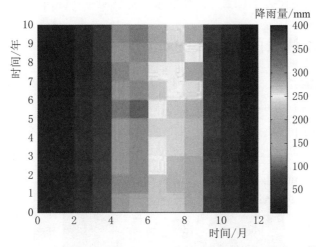

图 6.11　A1B 情景下的 BMA（9）综合降雨时间分布（横坐标
代表 1—12 月，纵坐标代表 2081—2090 年）

6.4.2　A2 情景的 BMA（9）降雨

在 A2 情景之下，图 6.7 中的 9 组降雨经过第一层 BMA 加权平均后，得到 A2 情景的 BMA（9）综合降雨，其 BMA（9）月降雨的时间分布如图 6.12 所示。对比图 6.7 可知，经过 BMA 方法加权平均后，月降雨在年际间的变化变小，时间分布上变得均匀。但是，月降雨有所减小，尤其是 8 月较大降雨（大于 300mm）的次数减少。

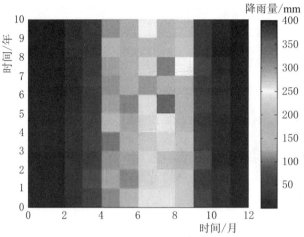

图 6.12　A2 情景下的 BMA（9）综合降雨时间分布（横坐标
代表 1—12 月，纵坐标代表 2081—2090 年）

6.4.3　B1 情景的 BMA（9）降雨

在 B1 情景之下，图 6.9 中的 9 组降雨经过第一层 BMA 加
权平均后，得到 B1 情景的 BMA（9）综合降雨，其 BMA（9）
月降雨的时间分布如图 6.13 所示。对比图 6.9 可知，经过

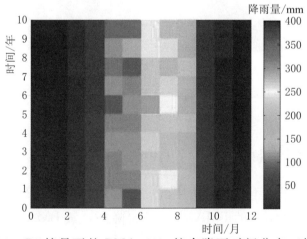

图 6.13　B1 情景下的 BMA（9）综合降雨时间分布（横坐标
代表 1—12 月，纵坐标代表 2081—2090 年）

BMA 方法加权平均后，月降雨在年际间的变化更小，时间分布上变得均匀。而且月降雨有所减小，基本上没有大于 300mm 的较大月降雨。

6.4.4　3 种气候情景的降雨频率对比

利用对数正态分布，对 3 种气候情景下 2081—2090 年未来 10 年的 BMA（9）综合月降雨的频率分布进行拟合，参数见表 6.2。图 6.14 为 3 种气候情景下 BMA（9）综合降雨的对数正态分布的频率曲线。由图可知，3 种未来情景中，同频率 A2 情景下 2081—2090 年的月降雨量最大，其次是 A1B 情景。B1 情景下的未来月降雨量最小。当频率为 0.1% 的时候，A2 情景下的月降雨量约为 810mm，A1B 情景下的月降雨量约为 780mm，B1 情景下的月降雨量约为 730mm。

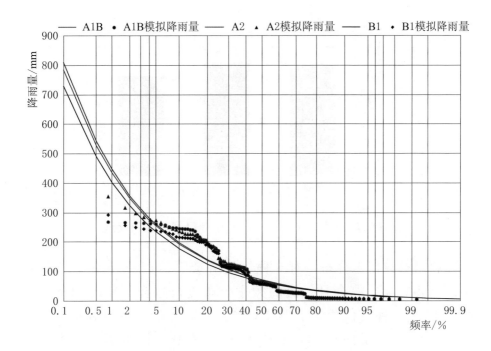

图 6.14　3 种气候情景下 BMA（9）综合降雨的
对数正态分布的频率曲线

表 6.2 3种气候情景 BMA (9) 综合降雨频率的对数正态分布参数

参 数	A1B	A2	B1
均值	95.527	97.6	88.201
C_v	0.917	0.92	0.921
C_s/C_v	1.584	1.5	1.575

6.5 第二层 BMA (3) 的径流综合结果

将6.3节中的3种未来气候情景下的综合 BMA（9）降雨，分别代入新安江模型、SMAR 模型和 SIMHYD 模型中，每个情景得到3组月径流。然后，利用第二层 BMA（3）方案进行加权平均，权重见图6.15，最后得到3种未来气候情景下的 BMA（3）综合径流。

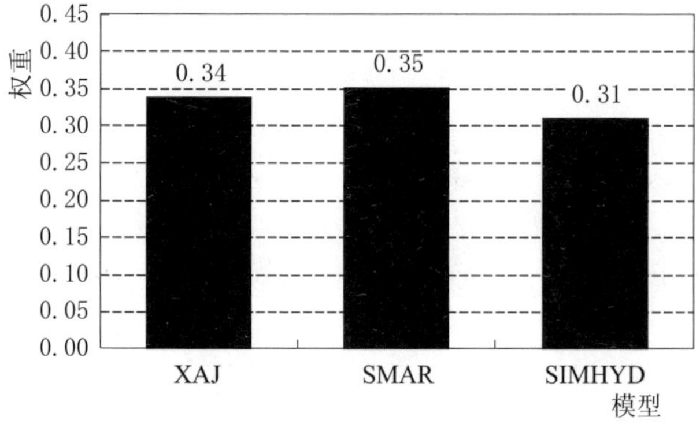

图6.15 第二层 BMA（3）中3组月径流的权重

利用对数正态分布，对3种气候情景下2081—2090年未来10年的 BMA（3）综合月径流的频率分布进行拟合，参数见表6.3。图6.16为3种气候情景下 BMA（3）综合月径流的对数正态分布的频率曲线。由图可知，3种未来情景中，同频率 A2 情景下2081—2090年的月平均径流量最大，其次是 A1B 情景。B1 情景下的未来月径流量最小。当频率为0.1%的时候，A2 情景下的月径流量约为 $1240m^3/s$，A1B 情景下的月径流量约为 $1160m^3/s$，B1 情景下的月径流量约为 $1080\mathrm{m}^3/\mathrm{s}$。

表 6.3　3 种气候情景 BMA（3）综合径流频率的
对数正态分布参数

参　数	A1B	A2	B1
均值	155.0	159.4	139.255
C_v	0.869	0.870	0.877
C_s/C_v	1.656	1.605	1.655

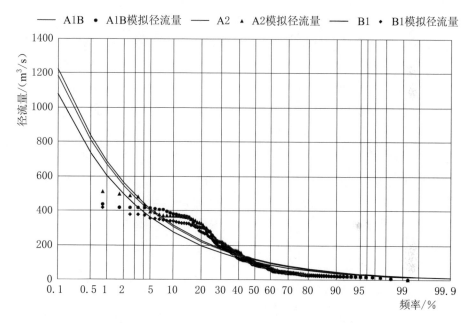

图 6.16　三种气候情景下 BMA（3）综合径流的
对数正态分布的频率曲线

6.6　本　章　小　结

本章基于双层 BMA 方案，利用第 5 章得到的双层 BMA 的权重，对未来 3 种气候情景下的多组降雨和多组径流进行加权平均，最后得到 3 种气候情景下的 BMA（9）综合降雨和 BMA（3）综合径流。然后利用对数正态分布，对 3 种气候情景下的

BMA（9）综合降雨和 BMA（3）综合径流的频率分布进行拟合，最后比较 3 种气候情景的降雨和径流预测的频率差异。结果表明，2081—2090 年 3 种未来气候情景下的降雨和径流比 1981—1990 的降雨和径流都有增大趋势。其中，对未来降雨和径流预测：A2＞A1B＞B1。

第 7 章　总 结 与 展 望

7.1　总　　结

径流模拟的不确定性分析是水文预报中不可或缺的重要部分。通常，径流模拟的不确定性主要包括资料输入的不确定性、水文模型参数的不确定性和水文模型结构的不确定性。其中，资料输入的不确定性是指水文站点气象输入数据和水文观测数据的不确定性。随着 IPCC 报告反映了气候的变化趋势，气候变化对水文水资源的影响成为当今水文研究中的热点问题。当考虑气候模式对气象输入数据的影响时，输入的不确定性就包含了气候模式、降尺度方法和排放情景的不确定性。本书结合国家自然科学基金等课题，以汉中流域为研究对象，基于贝叶斯模型加权平均方法（BMA），研究和分析了考虑气候模式影响下的径流模拟的不确定性。本书的主要研究内容和成果如下：

（1）阐述了径流模拟中的不确定性来源，并进一步论述了考虑气候模式影响下的输入不确定性来源。然后，综述了目前径流模拟的不确定性研究中用到的不确定性分析方法。最后概括了本书的技术路线和研究内容。

（2）水文模型参数的不确定性分析。参数的不确定性是水文模型不确定性分析中的重要组成部分。本书利用 GLUE 方法对新安江模型、SMAR 模型和 SIMHYD 模型的参数进行敏感性分析，旨在识别模型参数对模拟精度的影响程度，为流域水文模拟提供参考，从而为后面利用 BMA 对多个模型的加权平均提供可靠的参数。最后，根据参数的似然函数关系图的形状和比较其在两个流域的区别，将模型的参数敏感性划分为 3 类：不敏感参数、敏感参数和流域敏感参数。

（3）水文模型结构的不确定性分析。任何一个水文模型都不能完整地描述和反映现实的水文过程，都存在着模型结构上的缺陷。因此，采用多个模型的集合预报方法，能有效地弥补单个模型结构的不足。贝叶斯模型加权平均方法（BMA）是一个通过加权平均不同模型的预报值，来得到更可靠的综合预报值的数学方法。该方法不仅可以用于模型集合预报，还可以用于模型综合时的不确定性分析，可以反映模型结构的不确定性。本书对多个水文模型和多个目标函数进行组合，利用 BMA 方法对组合后的多组径流预报进行加权平均，并对其不确定性也做了详细的分析。

（4）考虑气候模式影响的气象输入数据的不确定性分析。本书以汉中流域为例，以 1961—1990 年为基准期，研究了 3 个全球气候模式（BCCR - BCM2.0、CSIRO - MK3.0 和 GFDL - CM2.0）在 20C3M 气候场景下的气候输出，并利用 3 种降尺度方法（ASD、SDSM1 和 SDSM2）将全球尺度的降雨降尺度到流域尺度。最后利用 BMA 方法，分别研究了不同气候模式对月降雨的不确定性，以及不同降尺度方法对降雨的不确定性。

（5）基于 BMA 的考虑气候模式影响的径流模拟不确定性综合分析。基于 BMA 方法，本书提出了两种 BMA 方案（即单层 BMA 和双层 BMA）来耦合气候模式和水文模型，进而研究径流模拟的综合不确定性。然后，对两种 BMA 方案的径流模拟及其不确定性区间的精度进行比较，选出最优方案。最后提出一种简单区分气候输入不确定性和水文模型不确定性的方法，比较两者在径流模拟中的比重。

（6）基于双层 BMA 的未来气候情景下的降雨与径流预测。基于双层 BMA 方案，利用第 5 章得到的双层 BMA 的权重，对未来 3 种气候排放情景下的多组降雨和多组径流进行加权平均，最后得到 3 种气候情景下的 BMA（9）综合降雨和 BMA（3）综合径流。

然后利用对数正态分布，对 3 种气候情景下的 BMA（9）综合降雨和 BMA（3）综合径流的频率分布进行拟合，最后比较 3 种气候情景的降雨和径流预测的频率差异。

7.2　展　　望

考虑气候模式影响的径流模拟的不确定性研究是一个复杂的问题，本书的理论和实用性还有待于进一步检验。对以后的研究，主要有以下几个构想：

（1）基于气候变化下的径流预报区间，结合水库调度模型，进行未来水库调度风险预测及分析。因为贝叶斯模型加权平均方法不仅可以提供平均预报值，还可以提供预报区间。以往的水库调度通常只是基于径流预报值，气候变化下的水库调度也只是基于水文模型对未来的气候变化的响应。如果将水库调度模型与径流预报区间结合，可以对水库调度的风险进行分析。如果将水库调度模型与未来的径流预报区间结合，就可以研究气候变化对水库调度的风险的影响。

（2）分析气候变化对水文极值事件的影响不确定性分析。干旱和洪涝等水文极值事件是影响水资源分配的重要因素，也是水文研究中不可忽视的问题。可以在本书气候变化对径流影响的不确定性分析的基础上，进一步加强气候变化对水文极值事件的影响不确定性研究。本书没有对水文极值事件进行讨论，下一步可以深入分析气候变化对水文极值事件发生概率的影响，并对其风险进行分析。

（3）分析和区分气候变化和人类活动对流域水循环及水资源的影响。流域水循环系统不仅受到气候因素的影响，而且会受到人类活动的影响。人类活动如开垦农田、砍伐森林、兴建水利设施等使流域下垫面发生变化，改变天然径流和蒸发的时空分布及地下水的补给条件，导致流域水循环发生变化，进而影响流域水资源的时空分布。本书虽然只讨论了气候变化对径流的影响，但是如果加入人类活动的表现，如土地利用的变化，就可以把气候变化和人类活动对径流的影响都考虑在内，下一步就可以开展气候变化和人类活动对流域水循环的影响的区分和量化研究。

参 考 文 献

[1] PARRY M L. Climate change 2007: impacts, adaptation and vulnerability: contribution of Working Group II to the Fourth Assessment Report of the Intergovernmental Panel on Climate Change [M]. Cambridge: Cambridge University Press, 2007.

[2] METZ B. Climate change 2007: mitigation of climate change: contribution of working group III to the Fourth Assessment Report of the Intergovernmental Panel on Climate Change [M]. Cambridge: Cambridge University Press, 2007.

[3] MCCARTHY J J. Climate change 2001: impacts, adaptation, and vulnerability: contribution of Working Group II to the third assessment report of the Intergovernmental Panel on Climate Change [M]. Cambridge: Cambridge University Press, 2001.

[4] DORE M. Climate change and changes in global precipitation patterns: What do we know? [J]. Environment International, 2005, 31 (8): 1167 - 1181.

[5] GRAHAM L P, ANDREASSON J, CARLSSON B. Assessing climate change impacts on hydrology from an ensemble of regional climate models, model scales and linking methods - a case study on the Lule River basin [J]. Climatic Change, 2007, 811: 293 - 307.

[6] CHRISTENSEN N S, WOOD A W, VOISIN N, et al. The effects of climate change on the hydrology and water resources of the Colorado River basin [J]. Climatic Change, 2004, 62 (1 - 3): 337 - 363.

[7] REGONDA S K, RAJAGOPALAN B, CLARK M, et al. Seasonal cycle shifts in hydroclimatology over the western United States [J]. Journal of Climate, 2005, 18 (2): 372 - 384.

[8] XU C Y, WIDEN E, HALLDIN S. Modelling hydrological consequences of climate change - Progress and challenges [J]. Advances in Atmospheric Sciences, 2005, 22 (6): 789 - 797.

[9] NIEMANN J D, ELTAHIR E. Sensitivity of regional hydrology to climate changes, with application to the Illinois River basin [J]. Water Resources

Research，2005，41：W07014.

[10] STEINSCHNEIDER S，POLEBITSKI A，BROWN C，et al. Toward a statistical framework to quantify the uncertainties of hydrologic response under climate change ［J］.Water Resources Research，2012，48，W11525.

[11] FOWLER H J，BLENKINSOP S，TEBALDI C.Linking climate change modelling to impacts studies：recent advances in downscaling techniques for hydrological modelling ［J］. International Journal of Climatology，2007，27（12）：1547－1578.

[12] VAN ROOSMALEN L，CHRISTENSEN J H，BUTTS M B，et al. An intercomparison of regional climate model data for hydrological impact studies in Denmark ［J］.Journal of Hydrology，2010，380（3－4）：406－419.

[13] 胡和平，田富强.物理性流域水文模型研究新进展［J］.水利学报，2007，38（5）：511－517.

[14] 武震，张世强，丁永建.水文系统模拟不确定性研究进展［J］.中国沙漠，2007，27（5）：890－896.

[15] GOODRICH D C，FAURÈS J，WOOLHISER D A，et al. Measurement and analysis of small－scale convective storm rainfall variability［J］.Journal of Hydrology，1995，173（1－4）：283－308.

[16] SHAH S M S，O'CONNELL P E，HOSKING J R M.Modelling the effects of spatial variability in rainfall on catchment response. 2. Experiments with distributed and lumped models ［J］.Journal of Hydrology，1996，175（1－4）：89－111.

[17] SHAH S M S，O'CONNELL P E，Hosking J R M.Modelling the effects of spatial variability in rainfall on catchment response. 1. Formulation and calibration of a stochastic rainfall field model ［J］.Journal of Hydrology，1996，175（1－4）：67－88.

[18] 尹雄锐，夏军，张翔，等.水文模拟与预测中的不确定性研究现状与展望［J］.水力发电，2006，32（10）：27－31.

[19] CHAUBEY I，HAAN C T，GRUNWALD S，et al. Uncertainty in the model parameters due to spatial variability of rainfall ［J］.Journal of Hydrology，1999，220（1－2）：48－61.

[20] BRONSTERT A，BARDOSSY A. Uncertainty of runoff modelling at

the hillslope scale due to temporal variations of rainfall intensity [J]. Physics and Chemistry of the Earth, Parts A/B/C, 2003, 28 (6 - 7): 283 - 288.

[21] LOPES V L. On the effect of uncertainty in spatial distribution of rainfall on catchment modelling [J]. Catena, 1996, 28 (1 - 2): 107 - 119.

[22] SEO D J, PERICA S, WELLES E, et al. Simulation of precipitation fields from probabilistic quantitative precipitation forecast [J]. Journal of Hydrology, 2000, 239 (1 - 4): 203 - 229.

[23] BEVEN K, BINLEY A. The future of distributed models: Model calibration and uncertainty prediction [J]. Hydrological Processes, 1992, 6 (3): 279 - 298.

[24] 熊立华, 郭生练. 分布式流域水文模型 [M]. 北京: 中国水利水电出版社, 2004.

[25] CHALLINOR A J, WHEELER T R. Crop yield reduction in the tropics under climate change: Processes and uncertainties [J]. Agricultural and Forest Meteorology, 2008, 148 (3): 343 - 356.

[26] MAKOWSKI D, NAUD C, JEUFFROY M H, et al. Global sensitivity analysis for calculating the contribution of genetic parameters to the variance of crop model prediction [J]. Reliability Engineering & System Safety, 2006, 91 (10 - 11): 1142 - 1147.

[27] 吴锦, 余福水, 陈仲新, 等. 基于 EPIC 模型的冬小麦生长模拟参数全局敏感性分析 [J]. 农业工程学报, 2009 (7): 136 - 142.

[28] REFSGAARD J C, VAN DER SLUIJS J P, BROWN J, et al. A framework for dealing with uncertainty due to model structure error [J]. Advances in Water Resources, 2006, 29 (11): 1586 - 1597.

[29] REID D J. Combing three estimates of gross domestic products [J]. Economica, 1968, 35: 431 - 444.

[30] BATES J M, GRANGER C W J. The combination of forecasts [J]. Operational Research Quarterly, 1969, 20: 451 - 468.

[31] DICKINSON J P. Some statistical results in the combination of forecasts [J]. Operational Research Quarterly, 1973, 24 (2): 253 - 260.

[32] SHAMSELDIN A Y, O'CONNOR K M, LIANG G C. Methods for combining the outputs of different rainfall - runoff models [J]. Journal

of Hydrology，1997，197 (1－4)：203－229.

[33] XIONG L，SHAMSELDIN A Y，O'CONNOR K M. A non－linear combination of the forecasts of rainfall－runoff models by the first－order Takagi － Sugeno fuzzy system [J]. Journal of Hydrology，2001，245 (1－4)：196－217.

[34] HOETING J，RAFTERY A E，MADIGAN D. A method for simultaneous variable selection and outlier identification in linear regression [J]. Computational Statistics & Data Analysis，1996，22 (3)：251－270.

[35] NEUMAN S P. Maximum likelihood Bayesian averaging of uncertain model predictions [J]. Stochastic Environmental Research and Risk Assessment，2003，17 (5)：291－305.

[36] AJAMI N K，DUAN Q，SOROOSHIAN S. An integrated hydrologic Bayesian multimodel combination framework：Confronting input，parameter，and model structural uncertainty in hydrologic prediction [J]. Water Resources Research，2007，43 (1)：W01403.

[37] WATSON R T，ALBRITTON D L. Climate change 2001：synthesis report [M]. Cambridge：Cambridge University Press，2001.

[38] HOUGHTON J T. Climate change 2001the scientific basis：contribution of Working Group I to the third assessment report of the Intergovernmental Panel on Climate Change [M]. Cambridge：Cambridge University Press，2001.

[39] LEBEL T，DELCLAUX F，LE BARBE L，et al. From GCM scales to hydrological scales：rainfall variability in West Africa [J]. Stochastic Encironmental Research and Risk Assessment，2000，14 (4－5)：275－295.

[40] 赵宗慈，李晓东. 海气耦合模式在东亚地区的可靠性评估 [J]. 应用气象学报，1995，6 (1)：9－18.

[41] EHSANZADEH E，VAN DER KAMP G，Spence C. The impact of climatic variability and change in the hydroclimatology of Lake Winnipeg watershed [J]. Hydrological Processes，2012，26 (18)：2802－2813.

[42] ARDOIN－BARDIN S，DEZETTER A，SERVAT E，et al. Using general circulation model outputs to assess impacts of climate change on runoff for

large hydrological catchments in West Africa [J]. Hydrological Sciences Journal – Journal Des Sciences Hydrologiques, 2009, 54 (1): 77 - 89.

[43] 郭亚男. 量化气候变化对水文影响的降尺度方法的不确定性 [J]. 水利水电快报, 2012, 33 (8): 15 - 19, 24.

[44] Intergovernmental Panel on Climate Change (IPCC). IPCC Fourth Assessment Report: Climate Change [M]. London: Cambridge University Press, 2007.

[45] SCHNEIDER C, LAIZE C, ACREMAN M C, et al. How will climate change modify river flow regimes in Europe? [J]. Hydrology and Earth System Sciences, 2013, 17 (1): 325 - 339.

[46] HUGHES S J, CABECINHA E, DOS SANTOS J, et al. A predictive modelling tool for assessing climate, land use and hydrological change on reservoir physicochemical and biological properties [J]. Area, 2012, 44 (4): 432 - 442.

[47] 董磊华, 熊立华, 于坤霞, 等. 气候变化与人类活动对水文影响的研究进展 [J]. 水科学进展, 2012, 23 (2): 278 - 285.

[48] HOUGHTON J T. Climate change 1994: radiative forcing of climate change and an evaluation of the IPCC IS92emission scenarios [M]. Cambridge (England): Published for the Intergovernmental Panel on Climate Change, Cambridge University Press, 1995.

[49] 吴赛男, 廖文根, 隋欣. 气候变化对流域水资源影响评价中的不确定性问题 [J]. 中国水能及电气化, 2010 (11): 14 - 18.

[50] BIONDI D, VERSACE P, SIRANGELO B. Uncertainty assessment through a precipitation dependent hydrologic uncertainty processor: An application to a small catchment in southern Italy [J]. Journal of Hydrology, 2010, 386 (1 - 4): 38 - 54.

[51] THIEMANN M, TROSSET M, GUPTA H, et al. Bayesian recursive parameter estimation for hydrologic models [J]. Water Resources Research, 2001, 37 (10): 2521 - 2535.

[52] VRUGT J A, GUPTA H V, BASTIDAS L A, et al. Effective and efficient algorithm for multiobjective optimization of hydrologic models [J]. Water Resources Research, 2003, 39 (8): 1214.

[53] KUCZERA G, PARENT E. Monte Carlo assessment of parameter uncertainty in conceptual catchment models: the Metropolis algorithm

[J]. Journal of Hydrology，1998，211（1－4）：69－85.

[54]　MONTANARI A，BRATH A. A stochastic approach for assessing the uncertainty of rainfall － runoff simulations [J]. Water Resources Research，2004，40：W011061.

[55]　VRUGT J A，DIKS C，GUPTA H V，et al. Improved treatment of uncertainty in hydrologic modeling：Combining the strengths of global optimization and data assimilation [J]. Water Resources Research，2005，41：W010171.

[56]　MORADKHANI H，HSU K L，GUPTA H，et al. Uncertainty assessment of hydrologic model states and parameters：Sequential data assimilation using the particle filter [J]. Water Resources Research，2005，41：W050125.

[57]　GEORGAKAKOS K P，SEO D，GUPTA H，et al. Towards the characterization of streamflow simulation uncertainty through multi-model ensembles [J]. Journal of Hydrology，2004，298（1 － 4）：222 － 241.

[58]　JACQUIN A P，SHAMSELDIN A Y. Development of a possibilistic method for the evaluation of predictive uncertainty in rainfall － runoff modeling [J]. Water Resources Research，2007，43：W04425.

[59]　LIU Y，GUPTA H V. Uncertainty in hydrologic modeling：Toward an integrated data assimilation framework [J]. Water Resources Research，2007，43（7）：W07401.

[60]　REGGIANI P，RENNER M，WEERTS A H，et al. Uncertainty assessment via Bayesian revision of ensemble streamflow predictions in the operational river Rhine forecasting system [J]. Water Resources Research，2009，45（2）：W02428.

[61]　王育礼，王烜，杨志峰，等. 水文系统不确定性分析方法及应用研究进展 [J]. 地理科学进展，2011，30（9）：1167－1172.

[62]　丁晶，刘权授. 随机水文学 [M]. 北京：中国水利水电出版社，1997.

[63]　王文圣，丁晶，金菊良. 随机水文学 [M]. 北京：中国水利水电出版社，2008.

[64]　范垂仁，张超英. 随机水文学方法在超长期水文预报中的应用 [J]. 东北水利水电，1990（8）：9－14.

[65] 王文圣，金菊良，李跃清．水文随机模拟进展 [J]．水科学进展，2007，18 (5)：768 - 775.

[66] LANGOUSIS A，KOUTSOYIANNIS D. A stochastic methodology for generation of seasonal time series reproducing overyear scaling behaviour [J]. Journal of Hydrology，2006，322 (1 - 4)：138 - 154.

[67] ABI - ZEID I，PARENT É，BOBÉE B. The stochastic modeling of low flows by the alternating point processes approach：methodology and application [J]. Journal of Hydrology，2004，285 (1 - 4)：41 - 61.

[68] MOLZ F J，HYDEN P D. A new type of stochastic fractal for application in subsurface hydrology [J]. Geoderma，2006，134 (3 - 4)：274 - 283.

[69] NACHABE M H，MOREL - SEYTOUX H J. Perturbation and Gaussian methods for stochastic flow problems [J]. Advances in Water Resources，1995，18 (1)：1 - 8.

[70] MAUERSBERGER P. Basic physical and cybernetic principles contributing to systems analysis in hydrology [J]. Annual Review in Automatic Programming，1985，12 (2)：58 - 63.

[71] KATZ A. Principles of statistical mechanics：the information theory approach [M]. San Francisco：W. H. Freeman，1967.

[72] JAYNES E T. Information theory and statistical mechanics [J]. Physical Review，1957，106 (4)：620 - 630.

[73] 肖可以，宋松柏．最大熵原理在水文频率参数估计中的应用 [J]．西北农林科技大学学报（自然科学版），2010 (2)：197 - 205.

[74] 陈守煜．模糊水文学与水资源系统模糊优化原理 [M]．大连：大连理工大学出版社，1990.

[75] 陈宁煜．工程水文水资源系统模糊集分析理论与实践 [M]．大连：大连理工大学出版社，1998.

[76] 吴佳文，王丽学，汪可欣．粗糙集理论在年径流预测中的应用 [J]．节水灌溉，2008 (4)：35 - 37.

[77] CLOKE H L，PAPPENBERGER F，RENAUD J P. Multi - Method Global Sensitivity Analysis（MMGSA）for modelling floodplain hydrological processes [J]. Hydrological Processes，2008，22 (11)：1660 - 1674.

[78] HUANG Y，CHEN X，LI Y P，et al. A fuzzy - based simulation

method for modelling hydrological processes under uncertainty [J]. Hydrological Processes，2010，24（25）：3718－3732.

[79] 夏军．灰色系统水文学 [M]．武汉：华中理工大学出版社，1998.

[80] 赵璀．灰色系统在瑞丽江长期水文预报中的应用 [J]．云南水力发电，2007，23（6）：5－7.

[81] 闫兴武．利用灰色系统理论研究酒泉市地下水文动态变化规律 [J]．甘肃水利水电技术，2001，37（4）：288－289.

[82] 陶铁林，谢大勇．灰色系统模型在水文预报中的应用 [J]．吉林水利，2006（1）：17－18.

[83] 梁忠民，戴荣，李彬权．基于贝叶斯理论的水文不确定性分析研究进展 [J]．水科学进展，2010，21（2）：274－281.

[84] 舒畅，刘苏峡，莫兴国，等．新安江模型参数的不确定性分析 [J]．地理研究，2008，27（2）：343－352.

[85] FREER J，BEVEN K，AMBROISE B. Bayesian Estimation of Uncertainty in Runoff Prediction and the Value of Data：An Application of the GLUE Approach [J]. Water Resources Research，1996，32（7）：2161－2173.

[86] SCHULZ K，BEVEN K. Data－supported robust parameterisations in land surface － atmosphere flux predictions：towards a top－down approach [J]. Hydrological Processes，2003，17（11）：2259－2277.

[87] CHRISTIAENS K，FEYEN J. Constraining soil hydraulic parameter and output uncertainty of the distributed hydrological MIKE SHE model using the GLUE framework [J]. Hydrological Processes，2002，16（2）：373－391.

[88] 卫晓婧，熊立华．改进的 GLUE 方法在水文模型不确定性研究中的应用 [J]．水利水电快报，2008，29（6）：23－25.

[89] ARONICA G，HANKIN B，BEVEN K. Uncertainty and equifinality in calibrating distributed roughness coefficients in a flood propagation model with limited data [J]. Advances in Water Resources，1998，22（4）：349－365.

[90] PAPPENBERGER F，CLOKE H L，BALSAMO G，et al. Global runoff routing with the hydrological component of the ECMWF NWP system [J]. International Journal of Climatology，2010，30（14）：2155－2174.

[91] 王育礼，王烜，杨志峰，等.水文系统不确定性分析方法及应用研究进展 [J].地理科学进展，2011，30（9）：1167 - 1172.

[92] 张尧庭，陈汉峰.贝叶斯统计推断 [M].北京：科学出版社，1991.

[93] 茆诗松.贝叶斯估计 [M].北京：中国统计出版社，1999.

[94] KYRIAZIS G A，MARTINS M，KALID R A. Bayesian recursive estimation of linear dynamic system states from measurement information [J]. Measurement，2012，45（6）：1558 - 1563.

[95] RENARD B，THYER M，KUCZERA G，et al. Bayesian total error analysis for hydrologic models：Sensitivity to error models [J]. MODSIM 2007：International Congress on Modelling and Simulation：Land，Water and Environmental Management：Integrated Systems for Sustainability，2007：2473 - 2479.

[96] KUCZERA G，KAVETSKI D，FRANKS S，et al. Towards a Bayesian total error analysis of conceptual rainfall - runoff models：Characterising model error using storm - dependent parameters [J]. Journal of Hydrology，2006，331（1 - 2）：161 - 177.

[97] HOETING J A，MADIGAN D，RAFTERY A E，et al. Bayesian model averaging：a tutorial [J]. Statistical Science，1999，14（4）：382 - 417.

[98] SINGH V P，WOOLHISER D A. Mathematical modeling of watershed hydrology [J]. Journal of Hydrologic Engineering，2002，7（4）：270 - 292.

[99] ZHAN C，SONG X，XIA J，et al. An efficient integrated approach for global sensitivity analysis of hydrological model parameters [J]. Environmental Modelling & Software，2013，41：39 - 52.

[100] BEVEN K J. Prophecy，reality and uncertainty in distributed hydrological modeling [J]. Advances in Water Resources，1993，16（1）：41 - 51.

[101] ANDRADE M G，FRAGOSO M D，CARNEIRO A A F M. A stochastic approach to the flood control problem [J]. Applied Mathematical Modelling，2001，25（6）：499 - 511.

[102] BEVEN K，FREER J. Equifinality，data assimilation，and uncertainty estimation in mechanistic modelling of complex environmental systems using the GLUE methodology [J]. Journal of Hydrology，2001，249（1 - 4）：11 - 29.

[103] 卫晓婧，熊立华，万民，等．融合马尔科夫链-蒙特卡洛算法的改进通用似然不确定性估计方法在流域水文模型中的应用 [J]．水利学报，2009，40（4）：464-473.

[104] 赵人俊．流域水文模拟 [M]．北京：水利电力出版社，1984.

[105] ZHAO R J，ZHANG Y L，FANG L R，et al. The Xinanjiang Model [C]．IAHS AISH Publ.，1980.

[106] 河海大学．工程水文学 [M]．北京：中国水利水电出版社，2010.

[107] 赵人俊，王佩兰，胡凤彬．新安江模型的根据及模型参数与自然条件的关系 [J]．河海大学学报（自然科学版），1992（1）：52-59.

[108] FAZAL M A，IMAIZUMI M，ISHIDA S，et al. Estimating ground-water recharge using the SMAR conceptual model calibrated by genetic algorithm [J]．Journal of Hydrology，2005，303（1-4）：56-78.

[109] O'CONNELL P E，NASH J E，FARRELL J P. River flow forecasting through conceptual models part II - The Brosna catchment at Ferbane [J]．Journal of Hydrology，1970，10（4）：317-329.

[110] 王光生，夏士谆．SMAR 模型及其改进 [J]．水文，1998（S1）：28-30.

[111] WANG G Q，SHI Z H，SUN Z Q，et al. SIMHYD Rainfall Runoff Model and its Application in Qingjianhe River Basin of the Middle Yellow River [J]．Proceedings of the 2nd International Yellow River Forum on Keeping Healthy Life of the River，vol III，2005：373-377.

[112] CHIEW F，MCMAHON T A. Modelling the impacts of climate change on Australian streamflow [J]．Hydrological Processes，2002，16（6）：1235-1245.

[113] 王国庆，王军平，荆新爱，等．SIMHYD 模型在清涧河流域的应用 [J]．人民黄河，2006，28（3）：29-30.

[114] MADIGAN D，ANDERSSON S A，PERLMAN M D，et al. Bayesian model averaging and model selection for Markov equivalence classes of acyclic digraphs [J]．Communications in Statistics - Theory and Methods，1996，25（11）：2493-2519.

[115] RAFTERY A E. Bayesian model selection in social research [J]．Sociological Methodology，1995，25：111-163.

[116] FERNANDEZ C, LEY E, STEEL M. Benchmark priors for Bayesian model averaging [J]. Journal of Econometrics, 2001, 100 (2): 381 – 427.

[117] YEUNG K Y, BUMGARNER R E, RAFTERY A E. Bayesian model averaging: development of an improved multi – class, gene selection and classification tool for microarray data [J]. Bioinformatics, 2005, 21 (10): 2394 – 2402.

[118] WINTLE B A, MCCARTHY M A, VOLINSKY C T, et al. The use of Bayesian model averaging to better represent uncertainty in ecological models [J]. Consevation Biology, 2003, 17 (6): 1579 – 1590.

[119] MORALES K H, IBRAHIM J G, CHEN C J, et al. Bayesian model averaging with applications to benchmark dose estimation for arsenic in drinking water [J]. Journal of the American Statistical Association, 2006, 101 (473): 9 – 17.

[120] KOOP G, TOLE L. Measuring the health effects of air pollution: to what extent can we really say that people are dying from bad air? [J]. Journal of Envrionmental Economics and Management, 2004, 47 (1): 30 – 54.

[121] RAFTERY A E, ZHENG Y Y. Discussion: Performance of Bayesian model averaging [J]. Journal of the American Statistical Association, 2003, 98 (464): 931 – 938.

[122] VIALLEFONT V, RAFTERY A E, RICHARDSON S. Variable selection and Bayesian model averaging in case – control studies [J]. Statistics in Medicine, 2001, 20 (21): 3215 – 3230.

[123] RAFTERY A E, GNEITING T, BALABDAOUI F, et al. Using Bayesian model averaging to calibrate forecast ensembles [J]. Monthly Weather Review, 2005, 133 (5): 1155 – 1174.

[124] WIERENGA P A, MEINDERS M, EGMOND M R, et al. Protein exposed hydrophobicity reduces the kinetic barrier for adsorption of ovalbumin to the air – water interface [J]. Langmuir, 2003, 19 (21): 8964 – 8970.

[125] AJAMI N K, DUAN Q Y, GAO X G, et al. Multimodel combination techniques for analysis of hydrological simulations: Application to Distrib-

uted Model Intercomparison Project results [J]. Journal of Hydrometeorology, 2006, 7 (4): 755 – 768.

[126] DUAN Q Y, AJAMI N K, GAO X G, et al. Multi – model ensemble hydrologic prediction using Bayesian model averaging [J]. Advances in Water resources, 2007, 30 (5): 1371 – 1386.

[127] MONTGOMERY J M, Nyhan B. Bayesian Model Averaging: Theoretical Developments and Practical Applications [J]. Political Analysis, 2010, 18 (2): 245 – 270.

[128] VRUGT J A, ROBINSON B A. Treatment of uncertainty using ensemble methods: Comparison of sequential data assimilation and Bayesian model averaging [J]. Water Resources Research, 2007, 43: W01411.

[129] ZHANG X S, SRINIVASAN R, BOSCH D. Calibration and uncertainty analysis of the SWAT model using Genetic Algorithms and Bayesian Model Averaging [J]. Journal of Hydrology, 2009, 374 (3 – 4): 307 – 317.

[130] BEVEN K. Towards integrated environmental models of everywhere: uncertainty, data and modelling as a learning process [J]. Hydrology and Earth System Sciences, 2007, 11 (1): 460 – 467.

[131] VAN GRIENSVEN A, MEIXNER T. Methods to quantify and identify the sources of uncertainty for river basin water quality models [J]. Water Science and Technology, 2006, 53 (1): 51 – 59.

[132] MARSHALL L, NOTT D, SHARMA A. A comparative study of Markov chain Monte Carlo methods for conceptual rainfall – runoff modeling [J]. Water Resources Research, 2004, 40: W025012.

[133] VRUGT J A, GUPTA H V, BOUTEN W, et al. A Shuffled Complex Evolution Metropolis algorithm for optimization and uncertainty assessment of hydrologic model parameters [J]. Water Resources Research, 2003, 39 (8): 1201.

[134] HAMMERSLEY J M, HANDSCOMB D C. Monte Carlo Methods [M]. London: Methuen, 1975.

[135] DUAN Q Y, SOROOSHIAN S, GUPTA V K. Effective and efficient global optimization for conceptual rainfall – runoff models [J]. Water Resources Research, 1992, 28 (4): 265 – 284.

[136] OUDIN L, ANDREASSIAN V, MATHEVET T, et al. Dynamic averaging of rainfall – runoff model simulations from complementary model parameterizations [J]. Water Resources Research, 2006, 42: W07410.

[137] XIONG L H, WAN M, WEI X J, et al. Indices for assessing the prediction bounds of hydrological models and application by generalised likelihood uncertainty estimation [J]. Hydrological Sciences Journal – Journal Des Sciences Hydrologiques, 2009, 54 (5): 852 – 871.

[138] STEELE – DUNNE S, LYNCH P, MCGRATH R, et al. The impacts of climate change on hydrology in Ireland [J]. Journal of Hydrology, 2008, 356 (1 – 2): 28 – 45.

[139] ABDO K S, FISEHA B M, RIENTJES T, et al. Assessment of climate change impacts on the hydrology of Gilgel Abay catchment in Lake Tana basin, Ethiopia [J]. Hydrological Processes, 2009, 23 (26): 3661 – 3669.

[140] ACHARYA A, PIECHOTA T C, TOOTLE G. Quantitative Assessment of Climate Change Impacts on the Hydrology of the North Platte River Watershed, Wyoming [J]. Journal of Hydrologic Engineering, 2012, 17 (10): 1071 – 1083.

[141] CASIMIRO W, LABAT D, GUYOT J L, et al. Assessment of climate change impacts on the hydrology of the Peruvian Amazon – Andes basin [J]. Hydrological Processes, 2011, 25 (24): 3721 – 3734.

[142] CHEN J, BRISSETTE F P, CHAUMONT D, et al. Performance and uncertainty evaluation of empirical downscaling methods in quantifying the climate change impacts on hydrology over two North American river basins [J]. Journal of Hydrology, 2013, 479: 200 – 214.

[143] CUO L, BEYENE T K, VOISIN N, et al. Effects of mid – twenty – first century climate and land cover change on the hydrology of the Puget Sound basin, Washington [J]. Hydrological Processes, 2011, 25 (11): 1729 – 1753.

[144] D'AGOSTINO D R, TRISORIO L G, LAMADDALENA N, et

al. Assessing the results of scenarios of climate and land use changes on the hydrology of an Italian catchment: modelling study [J]. Hydrological Processes, 2010, 24 (19): 2693 – 2704.

[145] EINFALT T, QUIRMBACH M, LANGSTADTLER G, et al. Climate change tendencies observable in the rainfall measurements since 1950in the Federal Land of North Rhine – Westphalia and their consequences for urban hydrology [J]. Water Science and Technology, 2011, 63 (11): 2633 – 2640.

[146] FICKLIN D L, STEWART I T, MAURER E P. Effects of projected climate change on the hydrology in the Mono Lake Basin, California [J]. Climatic Change, 2013, 116 (1SI): 111 – 131.

[147] GRILLAKIS M G, KOUTROULIS A G, TSANIS I K. Climate change impact on the hydrology of Spencer Creek watershed in Southern Ontario, Canada [J]. Journal of Hydrology, 2011, 409 (1 – 2): 1 – 19.

[148] LAURI H, DE MOEL H, WARD P J, et al. Future changes in Mekong River hydrology: impact of climate change and reservoir operation on discharge [J]. Hydrology and Earth system Sciences, 2012, 16 (12): 4603 – 4619.

[149] TSHIMANGA R M, HUGHES D A. Climate change and impacts on the hydrology of the Congo Basin: The case of the northern sub – basins of the Oubangui and Sangha Rivers [J]. Physics and Chemistry of the Earth, 2012, 50 – 52 (SI): 72 – 83.

[150] WiILBYR L, WIGLEY T M L. Precipitation predictors for downscaling: observed and general circulation model relationships [J]. International Journal of Climatology, 2000, 20 (6): 641 – 661.

[151] HESSAMI M, GACHON P, OUARDA T B M J, et al. Automated regression – based statistical downscaling tool [J]. Environmental Modelling & Software, 2008, 23 (6): 813 – 834.

[152] WILBY R L, DAWSON C W, BARROW E M. SDSM – a decision support tool for the assessment of regional climate change impacts [J]. Environmental Modelling & Software, 2002, 17 (2): 145 – 157.

[153] ZORITA E, HUGHES J P, LETTEMAIER D P, et al. Stochastic characterization of regional circulation patterns for climate model di-

agnosis and estimation of local precipitation [J]. Journal of Climate, 1995, 8: 1023 - 1041.

[154] GHOSH S, MUJUMDAR P P. Statistical downscaling of GCM simulations to streamflow using relevance vector machine [J]. Advances in Water Resources, 2008, 31 (1): 132 - 146.

[155] GEMMER M, BECKER S, JIANG T. Observed monthly precipitation trends in China 1951 - 2002 [J]. Theoretical and Applied Climatology, 2004, 77 (1 - 2): 39 - 45.

[156] CHEN J, BRISSETTE F P, LECONTE R. Uncertainty of downscaling method in quantifying the impact of climate change on hydrology [J]. Journal of Hydrology, 2011, 401 (3 - 4): 190 - 202.

[157] WILBY R L, CONWAY D, JONES P D. Prospects for downscaling seasonal precipitation variability using conditioned weather generator parameters [J]. Hydrological Processes, 2002, 16 (6): 1215 - 1234.

[158] WILBY R L, WIGLEY T M L, CONWAY D, et al. Statistical downscaling of general circulation model output: A comparison of methods [J]. Water Resources Research, 1998, 34 (11): 2995 - 3008.

[159] HESSAMI M, GACHON P, OUARDA T, et al. Automated regression - based statistical downscaling tool [J]. Environmental Modelling & software, 2008, 23 (6): 813 - 834.

[160] VAN ROOSMALEN L, SONNENBORG T O, JENSEN K H. Impact of climate and land use change on the hydrology of a large - scale agricultural catchment [J]. Water Resources Research, 2009, 45: W00A15.

[161] VICUNA S, DRACUP J A. The evolution of climate change impact studies on hydrology and water resources in California [J]. Climatic Change, 2007, 82 (3 - 4): 327 - 350.

[162] WILBY R L, HARRIS I. A framework for assessing uncertainties in climate change impacts: Low - flow scenarios for the River Thames, UK [J]. Water Resources Research, 2006, 42 (2): W02419.

[163] WU H, KIMBALL J S, ELSNER M M, et al. Projected climate change impacts on the hydrology and temperature of Pacific Northwest rivers [J]. Water Resources Research, 2012, 48: W11530.

[164] XU C C, CHEN Y N, YANG Y, et al. Hydrology and water resources variation and its response to regional climate change in Xin-

jiang〔J〕.Journal of Geographical Sciences，2010，20（4）：599-612.

[165] 林凯荣，郭生练，陈华，等.基于 DEM 的汉中流域水文过程分布式模拟〔J〕.人民长江，2008，39（11）：18-20.

[166] ZHANG H，HUANG G H，WANG D L，et al. Uncertainty assessment of climate change impacts on the hydrology of small prairie wetlands〔J〕.Journal of Hydrology，2011，396（1-2）：94-103.

Abstract

On the basis of Bayesian theory, this book comprehensively established the uncertainty analysis framework of runoff simulation under the influence of climate model, including uncertainties of model parameters, model structure and input. Taking the upper reaches of Han River Basin as an example. For the uncertainty of model parameters, the parameters sensitivity of three hydrological models (Xin'anjiang model, SMAR and SIMHYD) is analyzed by using Generalized Likelihood Uncertainty Estimation Method (GLUE). For the uncertainty of model structure, Bayesian Model Averaging Method (BMA) is used to analyze the model uncertainty of the combination of above three hydrological models and three objective functions. For the input uncertainty, BMA method is used to analyze the rainfall uncertainty of three climate models and three downscaling methods. Finally, based on the traditional BMA method, two schemes of single-layer BMA and double-layer BMA are proposed to simulate and calculate the comprehensive runoff under the double uncertainties of climate model and hydrological model, and the optimal scheme is selected to predict the runoff under the future climate scenarios.

This book is suggested to be read by researchers in related fields, as well as a reference book in colleges and universities.

Contents

"水科学博士文库" 编后语

水科学博士是活跃在我国水利水电建设事业中的一支重要力量，是从事水利水电工作的专家群体，他们代表着水利水电科学最前沿领域的学术创新"新生代"。为充分挖掘行业内的学术资源，系统归纳和总结水科学博士科研成果，服务和传播水电科技，我们发起并组织了"水科学博士文库"的选题策划和出版。

"水科学博士文库"以系统地总结和反映水科学最新成果，追踪水科学学科前沿为主旨，既面向各高等院校和研究院，也辐射水利水电建设一线单位，着重展示国内外水利水电建设领域高端的学术和科研成果。

"水科学博士文库"以水利水电建设领域的博士的专著为主。所有获得博士学位和正在攻读博士学位的在水利及相关领域从事科研、教学、规划、设计、施工和管理等工作的科技人员，其学术研究成果和实践创新成果均可纳入文库出版范畴，包括优秀博士论文和结合新近研究成果所撰写的专著以及部分反映国外最新科技成果的译著。获得省、国家优秀博士论文奖和推荐奖的博士论文优先纳入出版计划，择优申报国家出版奖项，并积极向国外输出版权。

我们期待从事水科学事业的博士们积极参与、踊跃投稿（邮箱：lw@waterpub.com.cn），共同将"水科学博士文库"打造成一个展示高端学术和科研成果的平台。

中国水利水电出版社
水利水电出版分社
2018 年 4 月